如 何 认 识 自 我

进而看透别人

性格解析

Personality Plus

弗洛伦斯·莉托 (Florence Littauer) / 著

查文宏 / 译

江西出版集团·江西人民出版社

图书在版编目(CIP)数据

性格解析/(美）莉托著；查文宏译.—南昌：江西人民出版社，2009.4

ISBN 978-7-210-03981-5

Ⅰ.性… Ⅱ.①莉…②查… Ⅲ.性格—通俗读物 Ⅳ.B848.6-49

中国版本图书馆 CIP 数据核字（2008）第 187339 号

性格解析

（美）莉托 著

查文宏 译

江西人民出版社出版发行

南昌市红星印刷有限公司印刷 新华书店经销

2009年4月第1版 2014年5月第3次印刷

开本:720 毫米×1000 毫米 1/16 印张:14.25 字数:120 千

ISBN 978-7-210-03981-5 定价:22.00 元

江西人民出版社 地址:南昌市三经路 47 号附 1 号

邮政编码:330006 传真:6898827 电话:6898893(发行部)

网址:www.jxpph.com

E-mail:jxpph@tom.com web@jxpph.com

（赣人版图书凡属印刷、装订错误,请随时向承印厂调换）

特别感谢

　　25年前，朋友给我本提姆·拉海耶（Tim La-Haye）写的《受灵性控制的性情》一书，并要我读读它。我立刻被书中那四种性格迷住了，原来这一学说源于公元前400年的"医学之父"希波克拉底（Hippocrates）。读着读着，我发现书中对某个人的描写很像我本人，还有一个人很像我丈夫佛瑞德，我觉得作者仿佛早就秘密认识了我们一样。虽然我从未见过提姆·拉海耶，但我却真切地想和他那样有洞察力的人谈一谈。不到一年，我们的研究领域交会了，在同一研讨会上，我们俩都成了发言人。正如我想象的那样，提姆是个精力旺盛、充满激情的人，他鼓励我在性格领域进行深入研究。

　　这些年来，我一直从事教学和咨询工作，并撰写了《性格解析》一书。在此，我谨将此书献给提姆·拉海耶先生，感谢他最先给我以启迪。

　　在写这本书时，我更加确信四种性格理论是对人类行为的最好解释。

　　谢谢您，提姆·拉海耶先生，感谢您的鼓励。

弗洛伦斯·莉托

目 录

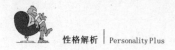

第一部分

性格概况

快速自测法

第一章

只有一个你

每个人都希望有一个好性格。我们幻想自己在奇异岛上,太空的钟声响起,把我们变成一个个能言善辩、富有魅力、衣着华美的贵族。我们不再失足、犯错、摔跤或摸索,我们相互交谈,人人都美丽迷人、富有灵感。可是,当舞台谢幕时,我们不得不结束幻想,回到现实中。凝视着空白屏幕,我们想知道自己的"情景喜剧"为什么被删除了?为什么充满自信的新星取代了我们?为什么我们似乎被抛入了格格不入的环境?

于是,我们匆忙去上性格培训班,那些培训班承诺:能在 24 小时内把我们变成光芒四射的智者;通过自我评估,能使我们变成威力无穷的小神仙或精明人;经过培训,我们将前程似锦。我们满怀希望地去听这些课,期待着奇迹的发生, 结果却是垂头丧气地回家。我们并不都是能令人激动、富有潜力或被树为典范的类型。我们有不同的动机、能力和个性——不能用同一种方法来对待我们。

*没有两个相同的人

如果我们都是在硬纸盒里的一模一样的鸡蛋,那么大母鸡妈妈一夜之间就能把我们孵成灵敏的小鸡或四处转悠的公鸡。但我们是不同的,我们生来就有各自的优点和缺点,没有一套神奇公式能对所有人都产生奇迹。只有当我们认识到自己的独特,我们才能明白为什么在同一个研修班上,大家都面对同样的发言人,花费着同样的时间,各自的收获却不尽相同。

《性格解析》把我们每个人都看作是独一无二、兼有四种基本性格的个体,书中鼓励我们在尝试改变自己的表面行为前,要先认识真正的自我。

*内在质地很重要

当米开朗琪罗准备塑造大卫的雕像时, 他花了很长时间挑选大理石。因为他深知原料的质量将决定作品的美感。他可以改变石头的形状,却无法改变石头的基本成分。

他的每个杰作都是独一无二的,即使他想做出相同的作品,也无法找到两块完全一样的大理石。即便是来自同一采石场的两块石头,也不会完全相同。是的,只是相似,但绝不是一模一样的。

*我们每个人都是独一无二的

人生伊始，我们就有着自己的组合成分，这些组合成分使我们与兄弟姐妹之间存在差异。岁月流淌，人们不断地雕琢我们，进行削凿、锤打并抛光。当我们以为自己是成品了，又有人开始塑造我们。偶尔我们可以在公园里享受宁静一刻，人们羡慕地从旁边经过，轻轻地拍着我们，但在其他很多时间里，我们却被嘲笑、分析或被忽视。

我们出生时，都有自己的性格特征，就像是含有不同成分的原料组成了不同的石头。每个人都有自己所属的那块石头。有些人是花岗岩，有些人是大理石，有些人是雪花石膏，有些人是砂石。我们所属的岩石种类不会改变，但其形状却可以变换。所以，这就是我们的性格。我们有自己内在的物质。有的人开朗，就像岩石中点缀着美丽的金粒；有些人古怪，就像灰色断层线破坏了岩石的完美。我们的条件、智商、国籍、经济、环境和父母的影响都能塑造我们的个性，但岩石的内在本质却不会改变。

我的气质是真正的"我"，但我的个性却是我穿在外面的裙子。早上，我从镜子里看到一张平凡的脸、直发和丰满的身材，这是真正的我。谢天谢地，通过化妆，我可以在一小时内，创造出一张明丽的脸庞，可以上卷发器把头发弄卷，可以穿合体的服装来掩饰过多的曲线，我让"真我"焕然一新了，但我永远不可能改变内在的"真我"。

假如我们能了解自己：

了解我们是由什么组成的

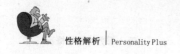

了解我们真正是谁

了解我们为什么会这样做事

了解我们的优点及如何发挥优点

了解我们的缺点及如何克服缺点

我们是可以了解的！《性格解析》将展示如何进行自我检测，如何扬长避短。一旦了解了我们是谁，为什么我们会这样做事，我们就开始了解了内在的自我，从而改善个性，学会与别人相处。我们不会再试图模仿别人，穿同样鲜艳的裙子或系同样新颖的领带，或为自己的性格而哭泣。并且我们将会利用现有的原料，塑造出最好的自己。

近年来，制造商们找到了复制古典雕塑的方法，在任何一家大礼品店里，你都可以发现一排排的大卫、一座座的华盛顿、一行行的林肯、复制的里根和克隆的克娄巴特拉，但世上只有一个你。

*我们从哪儿开始？

你们中有多少人具有米开朗琪罗的天分？又有多少人把别人看作原料，准备用专业之手去雕琢？你们中有多少人能至少想起一个人，你可以真正用你的睿智去重塑他？而他又是否期盼着你的指点？

如果能改变他人，那我丈夫佛瑞德和我都会生活得很完美，因为我们从一开始就都想改变对方。我想如果他能放松些或增加点情趣，我们的婚姻就会更美满，但他却希望我能变得井井有条。在蜜月中，我就发现佛瑞德和我甚至在吃葡萄的方法上都截然不同！

我常常喜欢把一整串凉爽翠绿的葡萄放在身旁，想吃哪颗就随手摘来吃。在嫁给佛瑞德前,我不知道还有"葡萄法则",不知道在生活中每项简单的享受都有所谓的正确方法。当佛瑞德第一次向我提出"葡萄法则"时,我正坐在百慕大剑桥海滩的别墅院子里,看着大海,漫不经心地揪着一大串葡萄。我没有意识到佛瑞德正在分析我杂乱无章的吃水果法,他问道:"你喜欢葡萄吗?"

"噢,我很爱吃葡萄。"

"那你一定想知道怎样吃葡萄才是正确的吧?"

我从浪漫的梦幻中惊醒,问了句在以后生活中我常要问的话:"我做错了什么吗?"

"不是你做错了什么而是你没做对。"可我实在听不明白这两句话有什么不同。

于是我用他的方式反问道:"我什么没做对?"

"人人都知道吃葡萄的正确方法是:一次摘下一小串,就像这样。"

佛瑞德拿出他的指甲剪剪下一小串葡萄,放在我面前。

他站在我旁边,沾沾自喜地俯视着我。我问:"这样做是不是能使葡萄的味道更好?"

"不是为了味道。而是为了使这串葡萄的外观能保持良好。看你吃葡萄的样子,这里那里到处乱揪,把它弄得像失事船只似的。看看你做的,让这些细小的秃枝四处延伸,它们毁了整串葡萄的外形。"我看了看四周,会不会有隐蔽的"葡萄法官"等着钻进我的葡萄串里开展辩论呢?但什么也没有。于是我说:"谁在乎呢?"

那时,我还不知道"谁在乎呢"这句话是不能对佛瑞德说的,因为他立刻涨红了脸,绝望地叹了口气说:"我在乎,这就足够了。"

佛瑞德的确在乎生活中的每一个细节,而我的出现似乎破坏了整个枝条的形状。他积极帮助我,并试图改变我。但是我并不感

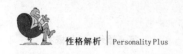
激他的智慧,反而阻挠他的战略,并希望能巧妙地改变他,让他向我靠拢。多年来,佛瑞德想除去我的缺点——而我也坚定地打磨着他的错误——但我们俩谁都没有被改进。

直到我们首次读到提姆·拉海耶的《受灵性控制的性情》(廷代尔书屋),才睁开眼睛,明白自己在做什么。我们都想重塑对方,但都没有意识到人与人之间有差异并不是错误。我发现自己是可爱乐观型,喜欢娱乐、爱激动;佛瑞德则是完美忧郁型,认真、条理分明。

我们通过阅读和研究,还发现我们两人在某种程度上都带有权威急躁型的特征,总觉得自己是对的,并且无所不晓。难怪我们难以相处!我们不但个性相异、兴趣不和,而且都觉得只有自己才是对的。这样的婚姻该如何描绘呢?

当发现我们还有希望时,我们长舒了一口气;我们理解了彼此的性格,并接受了对方的个性。随着生活变迁,我们开始教授、研究性格,并撰写书籍。《性格解析》就是 25 年来在研修班上的发言、进行性格咨询和在日常生活中观察人们个性的结晶。这本书以浅显生动的方式提供了一堂快速心理课,人们可以从中:

1. 检测自己的优点和缺点,并学习如何扬长避短。

2. 了解别人,并认识到人与人的差异并不意味着错误。

为了认识自己的基本特质,我们首先要按希波克拉底 2400 年前创立的方法来进行性格和气质分类。这样,跟热情洋溢的可爱乐观型相处,我们会感到充满趣味;跟凡事要求尽善尽美的完美忧郁型相处,我们会变得认真;跟天生就是领导的权威急躁型相处,我们会和他们一起冲锋;跟和谐快乐的平和冷静型相处,我们会感到轻松。不管自己属于哪种类型,我们都可以从其他类型那里学到某些东西。

第二章

你的性格概况

在介绍四种不同的性格前,让我们先花几分钟检测一下你的性格,这是佛瑞德编写的。当你根据提示完成了40道题后,请将分数写在得分卷上并相加。如果你是可爱乐观型,并对纵列数字感到困惑的话,那么可找一位认真的完美忧郁型来帮你,这类人把生活看作是一系列的统计,在计算你的资产与负债时,可以请他们帮忙。

没有人百分之百地属于某种性格,但你的分数能准确反映优点和缺点的基本状况。假如你的得分很平均,那么你可能属于平和冷静型。

你的性格概况与其他任何人都不同,你的

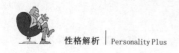
性格类型资料有助于你了解自己,并学习接受别人。当你鼓励家人和朋友进行自我分析时,就开启了引导、启迪他人的沟通新渠道。

在算出性格测试的分数后,你就会大致了解自己的内在特点——正是你的内在特点使你对环境做出现有反应。要想进一步了解"真我",请继续阅读下面的五个章节,你将知道关于自己的一些崭新东西。

*你的性格概况

提示——以下每排都有 4 个词,请在最符合你的词前打"×"。要做完 40 题,确保每题都打了"×"。如果无法确定哪个词最适合你,可以问问你爱人或朋友,并想想当你还是孩子时,在没受过社会影响的情况下会怎样回答。

优　点

1.___爱冒险　　　___适应力强　　___有生气　　　___善于分析

2.___坚持　　　　___爱开玩笑　　___善于说服　　___平和

3.___柔顺　　　　___自我牺牲　　___善于社交　　___意志坚定

4.___体贴　　　　___善于控制　　___有竞争力　　___有说服力

5.___使人振作　　___尊重别人　　___沉默寡言　　___机智

6.___满足　　　　___敏感　　　　___自立　　　　___生气勃勃

7.___计划者　　　___耐心　　　　___积极　　　　___推动者

8.___肯定　　　　___自然　　　　___有时间性　　___害羞

9.___井井有条　　___乐于助人　　___坦率　　　　___乐观

10.___友好　　　　___忠诚　　　　___有趣　　　　___强迫性

11.___勇敢　　　　___可爱　　　　___老练　　　　___注重细节

12.___开朗　　　　___始终如一　　___有修养　　　___自信

13. ___理想主义　___独立　　___不伤害他人　___鼓舞人心

14. ___感情外露　___果断　　___冷幽默　　___深沉

15. ___调解者　　___音乐性　___发起者　　___善于交际

16. ___考虑周到　___坚韧　　___健谈者　　___宽容

17. ___倾听者　　___忠心　　___领导者　　___活跃

18. ___知足　　　___首领　　___图表创作员　___聪明伶俐

19. ___完美主义者___随和　　___勤劳　　　___受欢迎

20. ___有弹性　　___敢作敢为　___举止端正　___善于平衡

缺　点

21. ___空虚　　　___羞怯　　___厚脸皮　　___专横

22. ___任性　　　___冷漠无情　___缺乏热情　___不宽恕

23. ___有所保留　___忿恨　　___反抗　　　___唠叨

24. ___大惊小怪　___害怕　　___健忘　　　___直率

25. ___缺乏耐心　___无安全感　___优柔寡断　___好插嘴

26. ___不受欢迎　___不投入　___难预测　　___不善表达

27. ___刚愎自用　___杂乱　　___难以取悦　___犹豫

28. ___平淡　　　___悲观　　___自负　　　___纵容

29. ___易怒　　　___无目标　___好争辩　　___孤芳自赏

30. ___幼稚　　　___态度消极　___大胆　　　___漠不关心

31. ___担忧　　　___孤僻　　___工作狂　　___追求荣誉

32. ___太敏感　　___不机智　___胆小　　　___多嘴

33. ___疑心　　　___无计划　___盛气凌人　___沮丧

34. ___自相矛盾　___内向　　___心胸狭窄　___冷漠

35. ___凌乱　　　___闷闷不乐　___说话含糊　___喜操纵

36. ___缓慢　　　___顽固　　___炫耀　　　___多疑

36. ___缓慢	___顽固	___炫耀	___多疑
37. ___不合群	___统治欲	___懒惰	___声音大
38. ___拖延	___猜疑	___急性子	___浮躁
39. ___报复	___焦虑	___勉强	___急躁
40. ___妥协	___苛求	___狡猾	___多变

*性格得分卷

现在,将所有的"×"标记移到性格得分卷所对应的词上,并加出你的总分。例如,如果你在概况卷上选了"有生气",那么在得分卷上也要选同样的词。(注意:在概况卷和得分卷上的词顺序不同。)

优 点

可 爱	权 威	完 美	平 和
乐观型	急躁型	忧郁型	冷静型
1. ___有生气	___爱冒险	___善于分析	___适应力强
2. ___爱开玩笑	___善于说服	___坚持	___平和
3. ___善于社交	___意志坚定	___自我牺牲	___柔顺
4. ___有说服力	___有竞争力	___体贴	___善于控制
5. ___使人振作	___机智	___尊重别人	___沉默寡言
6. ___生气勃勃	___自立	___敏感	___满足
7. ___推动者	___积极	___计划者	___耐心
8. ___自然	___肯定	___有时间性	___害羞
9. ___乐观	___坦率	___井井有条	___乐于助人
10. ___有趣	___强迫性	___忠诚	___友好
11. ___可爱	___勇敢	___注重细节	___老练
12. ___开朗	___自信	___有修养	___始终如一
13. ___鼓舞人心	___独立	___理想主义	___不伤害他人

14.___感情外露　___果断　　　___深沉　　　　___冷幽默

15.___善于交际　___发起者　　___音乐性　　　___调解者

16.___健谈者　　___坚韧　　　___考虑周到　　___宽容

17.___活跃　　　___领导者　　___忠心　　　　___倾听者

18.___聪明伶俐　___首领　　　___图表创作员　___知足

19.___受欢迎　　___勤劳　　　___完美主义者　___随和

20.___有弹性　　___敢作敢为　___举止端正　　___善于平衡

优点分

_____　　　_____　　　_____　　　_____

缺点

可 爱	权 威	完 美	平 和
乐观型	急躁型	忧郁型	冷静型

21.___厚脸皮　　___专横　　　___羞怯　　　　___空虚

22.___任性　　　___冷漠无情　___不宽恕　　　___缺乏热情

23.___唠叨　　　___反抗　　　___忿恨　　　　___有所保留

24.___健忘　　　___直率　　　___大惊小怪　　___害怕

25.___好插嘴　　___缺乏耐心　___无安全感　　___优柔寡断

26.___难预测　　___不善表达　___不受欢迎　　___不投入

27.___杂乱　　　___刚愎自用　___难以取悦　　___犹豫

28.___纵容　　　___自负　　　___悲观　　　　___平淡

29.___易怒　　　___好争辩　　___孤芳自赏　　___无目标

30.___幼稚　　　___大胆　　　___态度消极　　___漠不关心

31.___追求荣誉　___工作狂　　___孤僻　　　　___担忧

32.___多嘴　　　___不机智　　___太敏感　　　___胆小

33.___无计划　　___盛气凌人　___沮丧　　　　___疑心

34.___自相矛盾　___心胸狭窄　___内向　　　　___冷漠

35. ___凌乱　　　___喜操纵　　　___闷闷不乐　　　___说话含糊

36. ___炫耀　　　___顽固　　　　___多疑　　　　　___缓慢

37. ___声音大　　___统治欲　　　___不合群　　　　___懒惰

38. ___浮躁　　　___急性子　　　___猜疑　　　　　___拖延

39. ___焦虑　　　___急躁　　　　___报复　　　　　___勉强

40. ___多变　　　___狡猾　　　　___苛求　　　　　___妥协

缺点分

_____　　　_____　　　_____　　　_____

累计总分

_____　　　_____　　　_____　　　_____

性格概况摘自弗洛伦斯·莉托著的《婚礼过后是婚姻》,收获书屋出版社1981年版,经许可后使用。

这个测试很容易理解。你把"×"标记移到得分卷上,数数四个纵列中每个纵列有几个"×"标记,把得数记在对应的优点分和缺点分横线上。再把每个纵列的优点分和缺点分加起来,算出对应的累计总分(注意:四个纵列的累计总分相加应该是40分)。这样,你就会得出自己主要属于哪种性格类型,也会知道自己是哪种性格组合。例如,如果你在权威急躁型的优缺点累计总分中得25分,那毫无疑问,你基本上就是权威急躁型。但是,如果你在可爱乐观型中得18分,在完美忧郁型中得16分,并在其他两类型中各得3分,那么你就是带有很强的完美忧郁型特征的可爱乐观型。同时,你也能找出自己性格中最不占优势的类型。

当你继续阅读以下内容,学会运用书中材料后,你将学会如何发挥你所属性格类型中的优点,修补缺点,并进一步了解其他类型的优点和缺点。

第二部分

性格潜力

看看我们的个人资产

你已参加了测试,了解了自己属于哪种性格类型或是组合类型。以下是各种类型的优点概括。我敢打赌你并不了解自己有这么多的优点！弄清自己独特的资产之后,就要好好地发挥它们的作用。

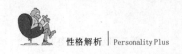

*可爱乐观型

外向·健谈者·乐观

优　点

情感方面

有感染力

健谈,会讲故事

让聚会有生气

很幽默

对颜色记忆深刻

善于把握听众

情绪化和感情外露

热情,好表现

开朗,爱激动

很好奇

在舞台上表现出色

眼界宽广,天真

现实

性情善变

真挚

孩子气

作为父母

使家庭充满快乐

被孩子的朋友喜爱

把灾难变成幽默

像马戏团老板

对待工作

自愿工作

设计新活动

注重外表

有创造力,多姿多彩

精力充沛,热情

闪电式开始

鼓励他人参与

吸引他人工作

作为朋友

容易交朋友

热爱别人

喜欢赞扬

看似兴奋

令人羡慕

不存恶意

很快道歉

避免沉闷

喜欢自发的活动

*完美忧郁型

内向·思考者·悲观
优　点

情感方面

深思熟虑

善于分析

严肃,有目标

有天分

有才干和创造力

有艺术或音乐天赋

富于哲理,富有诗意

有审美眼光

对他人很敏感

自我牺牲

诚心诚意

理想主义

对待工作

有计划性

完美主义者,高标准

注意细节

坚持,周到

有秩序,有组织

整洁

经济性

善于发现问题

找到创造性的解决方法

凡事开了头就要完成

善用图表、数字和列举

作为父母

设定高标准

希望一切都做好

促进家中井井有条

帮孩子收拾

为别人牺牲自己的利益

赞助奖学金、资助人才

作为朋友

交友谨慎

甘愿留在幕后

避免引起注意

忠诚,有奉献精神

愿意倾听抱怨

能解决别人的问题

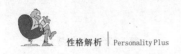
很关心别人

富有同情心

寻找理想伴侣

*权威急躁型

外向·行动者·乐观

优　点

情感方面	对待工作
天生的领导者	有目标
有力,积极	纵观全局
渴求改变	善于组织
一定要改正错误	寻求实际解决方案
意志坚强,果断	行动迅速
不动感情	委派工作
不易气馁	坚持生产
自立自足	制定目标
充满自信	促成行动
能运作一切	在与对手的竞争中前进

作为父母	作为朋友
行使领导权	对朋友要求很少
设定目标	愿为团队而工作
促使家人行动	愿意领导及组织
知道正确答案	通常正确
管理家务	杰出应对紧急情况

*平和冷静型

内向·观望者·悲观

优点

情感方面

低调

易相处,轻松

沉着冷静,镇定自若

耐心,善于平衡

一成不变的生活

安静而机智

富有同情心,善良

感情不外露

乐天知命

复合型人才

作为父母

好父母

肯为孩子花时间

不慌不忙

与好人、坏人都能相处

不易难过

对待工作

有能力,可靠

平和无异议

有管理能力

调解问题

避免冲突

善于面对压力

寻求简便方法

作为朋友

容易相处

愉快而享受

无攻击性

好的倾听者

冷幽默

喜欢旁观

有很多朋友

同情、关心他人

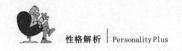

第三章

让我们与可爱乐观型一起欢乐

噢,这个世界多么需要可爱乐观型!

在艰难困苦时给予快乐的帮助,
在筋疲力竭时奉献纯真的抚慰。
智慧的话语令人卸下重负,
幽默的鼓励使人心情舒畅。
希望之光吹散了乌云,
热情洋溢,精力充沛,
创意和魅力让单调的日子五彩缤纷,
在复杂的环境中永葆孩子般的单纯。

可爱乐观型在星星上荡秋千,用瓶子把一束束月光盛回家。可爱乐观型迷恋生活中的童话故事,并希望快乐生活到永远。

典型的可爱乐观型情感外露,善于表现。他们的工作充满情趣,乐于与人相处。每种不同经历都能使他们激动,通过绘声绘色的描述,他们反复重温其中的快乐。可爱乐观型既开朗又乐观。

一天,当我和我那完美忧郁型的儿子小佛瑞德一起驾车在快车道上飞驰时,我注意到路堤上开满了明丽雪白的雏菊花。我惊呼:"看,多美的花呀!"于是小佛瑞德转过头,可他的目光落在了一大片杂草上,他叹了口气说:"是啊,但你看这片杂草。"沉思片刻,他又问:"为什么你总是看到鲜花,而我总是看到杂草?"是的,可爱乐观型总是看见鲜花,他们期待着最美好的事。

*可爱乐观型孩子

我们都有自己的一套与生俱来的性格特征,而且在生命早期就开始表现出来。可爱乐观型天生懂得寻找乐趣,他们从小就是好奇开朗的孩子。可爱乐观型的婴儿找到什么玩什么,开怀地笑,咿咿呀呀地叫,喜欢跟大人在一起。

我女儿玛丽塔属于可爱乐观型,从小她就具有一种欢快的幽默感。她的眼睛又大又明亮,睁开后,一眨一眨的。最近,我们把她婴儿时期的相片和在学校里的相片排在一起,再次欣赏到她一贯的小调皮模样,这模样给她惹了不少麻烦,但也使大家喜欢与她相处。玛丽塔的嘴巴总是说个不停,满脑子都是创意。她把所有能找到的东西都涂上颜色,连墙壁也不例外。当年我们从康涅狄格州搬家时,我就想把地下室的墙也一起带走,因为那上面装饰着玛丽塔用泼在地上的广告色弄出的小小蓝手印。今天,玛丽塔已成长为传

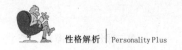

媒广告人、作家和才华横溢的发言人。

*惹人喜爱的性格

可爱乐观型与其他类型的人相比，可能没有更多的才干与机会，但他们似乎有更多的乐趣。他们激情四溢的性格和天赋超凡的魅力深深吸引着其他人。总有一群小"粉丝"围着可爱乐观型孩子转，小"粉丝"们想参与可爱乐观型孩子发起的活动。我女儿玛丽塔还在孩提时，就常有惊人之举。当其他孩子还只会玩玩具车时，她却在我家的小山上修了一座城。在她的率领下，她和小朋友们塑起街道，平整地面。她的第一座建筑是一家银行，用来储存"大富翁"游戏的钱。要想参与这个活动，每个孩子都必须付出真正的一美元购买银行股份，并收到象征性的假钱。玛丽塔用收到的真钱，买了塑料砖和设备，把它们卖给孩子们建家园。每块地在城里的位置不同，价格也不同。要想买到地理位置好的土地，就得多出钱。

就这样，孩子们随时在我家的小山上爬上爬下。直到有一天，5岁的佛瑞德为了挣钱买地，要卖一束野花给我，我才知道玛丽塔的活动居然用了真钱。我们周围到处都是山，每个孩子都可以免费在这些山上建自己的城，但玛丽塔已宣布我家的这座山属于"黄金地段"，是唯一可以居住的地方。

可爱乐观型在成长中继续吸引追随者。他们可成为拉拉队队长，在学校表演中担任主角，或在投票中稳操胜券。在办公室工作中，他们也引人注目，常举办晚会，布置圣诞装饰等，为枯燥乏味的生活带来一些激动人心的东西。

作为母亲，可爱乐观型使家庭充满情趣，并且像"花衣魔笛手"那样，能牢牢吸引孩子。观众越多，她们的才华越能淋漓尽致地发挥,她们能把最美好的一面展示给观众。她们宁愿惟妙惟肖地给一屋子的孩子朗读故事,也不愿只是静静地与自己的孩子分享这些故事。

在一次研修班上,一位名叫玛丽·爱丽丝的妇女告诉我,她只花 52 美元买了 400 个气球和一罐氦气,就成了整个社区——实际上是整个城市的焦点。她为孩子举办生日晚会,所有的小来宾们轮流为气球充气,再把它们放飞。当时,400 个气球在当尼(Downey)上空飞翔,她的晚会成了全城人议论的话题。

可爱乐观型人搞的活动有时也会失控。一位富有创意的母亲告诉我她在邻居的孩子中很受欢迎,因为她在家里总有一些新鲜特别的举动。一天,她告诉所有来访的孩子们,后院有大象,要孩子们藏起来。门铃响了,这位母亲爬到门前去应答。来的是位小姑娘,她问这位母亲为什么要在地上爬?"因为后院全是大象,我不想让它们看到我。你最好也蹲下。"孩子们挤在一起,静静地待着,这位母亲时不时地爬到窗边,看看大象。到五点钟,她宣布:"大象走啦,你们可以安全回家了。"

后来,她得知一个小女孩回家后告诉妈妈:"史密斯太太整个下午都在房间里爬来爬去,因为后院全是大象。"小女孩的妈妈以为她说谎,惩罚了她。

可爱乐观型请注意,你们的游戏不要搞得太过分。

*滔滔不绝的故事大王

要想在一群人中识别出可爱乐观型,最有效的办法就是听一听,并找出谁的声音最大,谁最爱讲话。其他性格的人是在谈话,而可爱乐观型则是在讲故事。

当我们住在康涅狄格州的新哈文市(New Haven)时,市里有一座七层的停车场。圣诞节前一天,我把车停在了这座有点像开放式教养所的灰色水泥建筑物里,然后去购物。可爱乐观型不善于根据周围环境来记忆,比较健忘,他们很难找到随意放置的东西,如汽车等;当我走出梅西百货公司(Macy's),面对着这可怕的堡垒停车场时,我实在想不起把车停在了哪里。

可爱乐观型妇女有一种优势, 就是她们那无助的表情常常能吸引别人的注意。我站在那,盯着这座七层楼,想弄清自己到底把车停在了哪里。一位英俊的小伙子从我旁边走过,注意到我满脸迷惘,手里提着大包小包,就问道:"你怎么啦,宝贝?"

"我在这座七层的停车场里找不到自己的车。"

"是辆什么车?"

"唉,问题在于,我不知道是什么车。"

"你不知道自己开的是什么车?"他难以置信地问。

"嗯,我家有两辆车,我记不得今天开出来的是哪辆了。"

他想了一会儿,说,"让我看看你的钥匙,也许我能帮你缩小范围。"

这要求可不容易做到,因为我不得不把手里的大包小包放下,在路边把手袋翻个底朝天,去找两套车钥匙。这时,另一个男人看到我蹲在街边,就问道:"怎么啦?"

第一个小伙子说:"她在这座七层的停车场里找不到自己的车了。"

那男人也同样问道:"是辆什么车?"

"她不知道。"

"她不知道?那我们怎么找呢?"

看到他俩还没有放弃帮忙,我连忙解释:"如果不是外表黄色、里面黑色、有红色仪表盘的敞篷车,那就是海蓝色、配有天鹅绒座位的大车。"

他们俩都摇摇头,捡起我的大包小包,领我走进停车场。当我们在这座七层楼内搜索时,一些热心的人也加入了我们的行列,大伙慢慢熟悉起来。当我们找到那辆车牌为 O FLO 的黄色敞篷车时,大伙已成了好朋友,我真想为大伙开一个俱乐部,自己来当主席。

我归心似箭地回到家,急切地将刚才在停车场发生的传奇"捉迷藏"故事细细地讲给佛瑞德听。15 分钟后,我津津有味地讲完了这个故事,我希望他会说:"太棒了!这么多人来帮助我的小太太!"但是出乎意料,他严肃地摇着头,叹了口气说:"我竟娶了一位在七层停车场会忘了把车停在哪的笨女人,真令人尴尬。"

我立刻意识到应把我的故事留给那些懂得欣赏我幽默感的人。

* 晚会的支柱

可爱乐观型天生希望成为人们关注的焦点,他们的这一特质,加之其丰富多彩的表现力,使他们成为晚会的支柱。当我弟弟朗(Ron)只有十几岁时,我是他高中的演讲老师,在参加晚会前,我们常常预先排演一些关键句子。我帮他回顾当前发生的事,他会巧妙地设计一些插科打诨的话。当晚会中谈到我们准备好的话题时,我们就来点"即兴"幽默。我们的名声(并非我们的秘密)到处传扬,有人贿赂我们——甚至付钱给我们——请我们去参加他们的晚会。

《洛杉矶时报》上一篇题为《租一位晚会嘉宾》的文章谈到:可租用一些富有魅力、机智风趣的人,来确保晚会成功。对可爱乐观型而言,这真是个绝好的职业,不但每晚能参加晚会,而且还可以

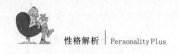

得到相应的报酬。

如果你无法奢侈地租用可爱乐观型，那么你可以自己培养几个人，并尽量邀请两个以上的这类人参加你的晚宴。别让他们坐在一起，否则其他人就会感到被冷落。把他们安排到桌子两边相对而坐，这样他们就不会整晚只是俩人相互娱乐了。

*缤纷的记忆

虽然可爱乐观型不擅长记名字、日期、地点和事件，但他们有自己的独特办法来记住生活中多姿多彩的小事。他们可能记不住演讲者说的要点，但他们却知道演讲者穿着紫色连衣裙，上面有孔雀和牧场图案，胸前升起了一轮黄色月亮。他们可能会搞不清自己究竟是在教堂还是礼堂，但却会快乐地向你描述：合唱队队长忘了在舞台滑动，只好采取侧身姿势，从而更清楚地展示了她的失误。

我老记不住别人的名字，但我能借助丰富的想象，通过人们的职业来记住他们的名字。当我女儿劳纶（Lauren）成年后，会把各种各样的男朋友带到家里，我发明了一种很有创意的方法，就是把他们的职业当作他们的姓氏来记。最初是从大卫开始的，他有一家自行车店，他的名字很长，中间有个"Z"什么的，至今我都念不出他的名字。所以我给他起个绰号叫"大卫·自行车"，以区别摄影师"大卫·照相机"。"迪（Dee）·飞机"是位飞行员，同理你可猜出"唐·空军"是干什么的。"博比·水"在自来水公司工作，"朗·贷款"为银行工作，而"杰弗（Jeff）·无业"根本就没工作。劳纶嫁给了钱币学家"兰迪·硬币"，从此她身上几乎就没有分币了。

玛丽塔也一样，先是带杂货店生产部的"吉米·蔬菜"回家，然后是"保罗·警察"。"彼德·油漆工"拥有一家油漆公司，而"曼尼·

钱"则非常富有。

只有可爱乐观型才会接受记性差的弱点，想出趣味方法来记忆，并把这些方法变成家族的传统。

*留住听众

可爱乐观型热情直率,喜欢拥抱、亲吻、拍打和抚摸他们的朋友。这种接触对他们而言是很自然的,当他们伸出双臂时,根本没注意到完美忧郁型已退缩到角落里了。

我女儿玛丽塔和我都是可爱乐观型,我们喜欢相互拥抱。我们在一起工作,每天在办公室见面,并享受这种亲密无间。一天,玛丽塔和朋友一起出去吃午饭, 然后去逛当地的百货大楼——哈瑞斯商场(Harris's)。下午三点多,我也去了哈瑞斯商场,正好看到玛丽塔站在化妆品柜台前。我自然而然地叫道:"玛丽塔,我的宝贝!"她朝我跑来,叫着:"妈妈宝贝。"在爽身粉柜台前,我们像久违的朋友一样手拉着手,亲吻、拥抱。售货员静静地看着,玛丽塔解释说:"这是我母亲。"

"看得出来,"她说道,"你们有多久没见面了？"

玛丽塔和我异口同声地说:"几个小时。"

"噢,天哪,"她喘了口气,说,"我还以为至少一年呢。"

可爱乐观型总想留住听众,确保听众不半途开溜。如果还没有讲到精彩之处,就失去了听众,那么他们就会感到受了心理伤害。

*舞台上挥洒自如

随着你对各种性格的了解, 你将会在生活的方方面面运用它们。正确运用这些知识,能使你避免许多错误,并且能把人们放在适合他们的岗位上。可爱乐观型天生具有表演才能,能使中央舞台产生磁力,牢牢吸引住相机镜头。他们总是令人振奋,特别在晚会冷场时,会创造出许多激动人心的场面。

可爱乐观型会成为优秀迎宾员、主持人、接待员、司仪和俱乐部总裁。他们充满欢乐,能激起最乏味的人心中的热情。只要给可爱乐观型一名观众,他们就会开始表演一出戏剧。

*天真地睁大眼睛

可爱乐观型总是天真地睁大眼睛,显得纯真无邪,即便年老了,仍带有孩子般的单纯。他们并不是比其他性格的人愚笨,只是有时看起来似乎如此而已。

我朋友帕蒂就是一个很好的例子。她有一双褐色的大眼睛,但她还带着弯弯的假睫毛,显得眼睛更大,并使她看起来仿佛是在一对遮篷下一样。无论你告诉帕蒂什么,她总是扑闪着睫毛说:"哦,我从来没这样想过!"

一天我丈夫问我:"帕蒂听说过什么呢?"对可爱乐观型来说,任何事都是新鲜的。

*热情、富有表现力

可爱乐观型情绪化并富有表现力,他们几乎对所有的事都很乐观和热情。无论你提议干什么,他们都想做;无论你提议去哪里,他们都想去。他们来回走动,跳来跳去,挥手致意,舞动身躯。我认识一位可爱乐观型牧师,他在布道时常常很激动,并觉得一只手要拿《圣经》,只有另一只手能自如挥动,实在是不够尽兴,于是他把脚尖抬起抬落,讲到着重点时,再踢一下另一只脚。如果你不对他讲的内容着迷的话,那么你肯定会着迷地观看他能不失平衡地"跳"多久这种快步舞。

一个女孩在描述她可爱乐观型的家庭时说:"我们是在一座墙壁都会渗出情感的房子里长大的。"

我朋友康妮有几家美容店,她告诉我她想雇可爱乐观型理发师,因为他们即使整天都听顾客讲令人沮丧的事情,也能保持热情。到下午时,他们的工作台上一片狼藉,卷发器到处乱摆,不得不向别人借梳子,但他们每天都圆满完成工作。康妮只要雇一名女清洁工,每天晚上把店里收拾整齐就行了。

"非凡"这个词一定是为可爱乐观型而造的。他们的每一种思想和每一句话都超出平常,不同凡响。猪小姐(美国提线木偶剧里的主角——译者注)那句时髦提示"再多也不够",恰好说中了可爱乐观型的实情。

*好 奇

可爱乐观型总是充满好奇心,并且什么都不想错过。在聚会时,如果他正与别人聊天,当听到别处有人提他的名字时,他会立即停下这边的谈话,转向别处。很多时候,可爱乐观型就像一台不断转动调频旋钮的收音机,在不同的电台中转来转去。可爱乐观型的思维能够快速地从一场谈话跳到另一场谈话,他不会错过任何东西。

他们总想"弄清一切",秘密会使他们疯狂。他们探听圣诞节礼物,并总能找到令人惊奇的东西。

可爱乐观型还想探究他们所不知道的一切。一位女士告诉我，她请人翻修屋顶时，因为想知道是如何翻修的，所以她也爬上了梯子。你可以想象当她出现在屋顶并爬向烟囱时，工人们是多么吃惊！趁她还没摔倒，工人们想叫她下去。但她说想了解屋顶翻修的技术。在一位男工的帮助下，她靠近了烟囱，可以坐在那看。当她兴高采烈地问问题，比手势时，没想到身子向后一歪，失去平衡，跌落到烟囱里去了。她尖叫着，工人们连忙爬过来营救她。四名男工，一人拽着她的一只手或脚，才把她拖出来。她的背部被砖擦破了，雪白的裤子也沾满了烟灰。工人们把她扶下梯子时，其中的一位说："我们不需要你来这里扮演《欢乐满人间》中的玛丽·波平丝（Mary Poppins）。"

*永远像孩子

可爱乐观型总是充满孩子气的原因之一，是因为他们就是活泼可爱的孩子。父母和老师喜爱他们，他们也不想脱离这种"备受关注"的生活。另一个原因是他们根本不想长大。当其他性格的人决定告别童年时，可爱乐观型却沉湎于虚幻的童年里。女孩们都是灰姑娘，男孩们都是白马王子。故事里的白马王子从不工作，他们骑着白马消失在夕阳下，也不用去找工作。年龄会带来责任，可爱乐观型尽可能地逃避一成不变的生活。

*自告奋勇地工作

可爱乐观型希望能帮助别人，受别人欢迎，所以他们常常不考虑后果，就自告奋勇地答应下来。一次，在晚会上，琳达和乌妮丝

(Vonice)谈论着为孩子找保姆的事。琳达要为五个孩子找个整夜工作的保姆。可爱乐观型的乌妮丝说："别担心，琳达，我们能帮你找一个。"随着时间的临近，琳达打电话给乌妮丝询问找保姆的事，却发现乌妮丝正在欧洲享受为期一个月的休假呢。

不要与可爱乐观型计较，因为他们可能忘记自己自告奋勇要做的事。

一天晚上，我和佛瑞德在纽约给一群人上性格理论课，我提到可爱乐观型总是自告奋勇地做事，却不能落到实处。我举例说："如果一位可爱乐观型毛遂自荐为我们今晚煮咖啡，我们很可能会发现她忘了把咖啡壶插上电。"这时，一位坐在前排、两眼熠熠闪光的可爱女孩尖叫一声，冲过通道，跑进了厨房。她是可爱乐观型，她自告奋勇煮咖啡，却没把壶插上电，所以那晚我们就没东西可喝了。因此，可爱乐观型喜欢随意应承，他们的想法很好，但如果你想喝咖啡的话，最好还是自己插上电吧。

*五花八门的创意

可爱乐观型的脑子里总是充满了新颖、别致的想法。新的一天伴随着新的挑战，要用新的创意来回应。每次会议，都是可爱乐观型开动脑筋，布置会场，并选择一个独特又令人振奋的议题。

当劳纶上小学二年级时，她告诉老师："我妈妈经常为晚会做一些新奇的东西。"所以老师们把我选为晚会母亲。我的第一项任务是准备万圣节晚会，劳纶不断地提醒我她已承诺别人，我一定会搞出些与众不同的东西。

孩子气的自信激发了我的创造力，我计划准备一个让二年级师生们终生难忘的万圣节晚会。劳纶曾笑话过那些只会带点酷爱迪(Kool-Aid)饮料和泡沫塑料杯的母亲们,所以我打算用一个大玻璃碗装橙汁甜饮料,周围绕上一圈小水晶杯。我一边在脑海里勾画这一景象,一边又设计了一种冰环,里面嵌着南瓜糖。开晚会这天,我去面包店取来了特制的杯形蛋糕,上面有可爱的小黑猫,还有专门定制的万圣节纸巾和给每个孩子戴的晚会帽。我做了三加仑的鲜橙汁,都放在一个敞口的塑料桶里,冰环在橙汁上飘浮跃动。我把杯形蛋糕放在车子后排的地板上,另一边放塑料桶。

因为是可爱乐观型,所以我总是晚出发。我匆忙穿上为晚会准备的橙色礼服,慌慌张张地沿着下坡路开。正当我要转弯上大街时,一辆车突然冲过来,我连忙猛踩一脚刹车。当我听到耳边传来像圣克利门蒂岛上的冲浪声时,我知道晚会全完了。我惊恐地向后看,只见一片橙汁的海洋,28只小黑猫在杯形蛋糕上起起伏伏,挣扎着不想被淹没。

我迟到了,礼服湿漉漉的,拿着几包酷爱迪饮料和一盒香草威化饼干,左手上还套着一个冰环。劳纶整个晚会都在哭,我再也没被邀请当晚会母亲了!

可爱乐观型总有五花八门的创意,但他们需要一些富有理性的朋友的帮助,才能完成好这些创意。

* 启发并吸引别人

可爱乐观型精力旺盛,热情奔放,善于吸引和启发别人。哈里·杜鲁门曾说,领导能力就是激励别人工作,并让他们享受工作的能力。这一表述是对可爱乐观型的总结,展示了他们敏锐的领导风格。注重实效的可爱乐观型会想出好主意,吸引别人一起来行动,从而达到圆满结果。只有可爱乐观型了解自身特点后,才会认识到自己只是"发动者"，需要朋友来充当"完成者"。

　　可爱乐观型的政治家有激发选民自信心、并让他们开展工作的天赋。真正聪明的可爱乐观型甚至能让人们不计报酬地为他们工作。我弟弟朗从童年时就有这种才能，很久以前，我还没听说过"可爱乐观型"这个词，就认识到他有吸引和调动别人的才能。朗充分利用他的机智和魅力，尽量逃避工作。在朝鲜战争中，朗参军了，随一艘战舰在海上航行。离开洛杉矶的第一个晚上，他听到一个通知："明早到甲板上集合，分配航行中的工作任务。"

　　可爱乐观型往往不惜一切代价逃避工作，于是朗炮制出一个避免擦甲板的计划。第二天早上部队集合时，朗带着有纸的写字板和笔站在了分配工作任务的中士旁。中士念着名字和任务："你们10人负责扫厕所，你们20人负责擦油漆。"朗在一旁鼓励着中士，并做一些记录。当除了朗之外的所有人都分配到了工作时，中士沉思了一会儿，问道："你在这的工作是什么？"

　　"我负责才艺秀。"他用一种权威的声音回答道。

　　"有这种计划安排吗？"中士吃惊地问。

　　"嗯，有的。"朗肯定地说。"我们靠岸前一夜会有一场激动人心的表演。但我得用整个旅途时间来筹备这场演出。顺便说一句，先生，你刚才分配工作时干得可真棒！回头见。"就凭这几句积极肯定的话，朗轻松惬意地过了两个星期。他在甲板上转悠，看着别人擦油漆，问问别人是否有什么才艺。令人惊异的是，在陆地上不会唱歌的人，在海上却成了歌手，所以朗在写字板上记下了一连串表演者的名字。最后那天下午，他把表演者们集中起来彩排，充分发挥自己的幽默才能，妙语连珠，把彩排搞得有声有色。晚上，大家都兴高采烈地来参加晚会。没人质疑他的安排，表演为枯燥的旅途带来了狂欢的高潮。几星期后，朗收到了一张政府颁发的羊皮纸证书，

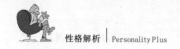

表彰他是唯一一位在船上为提高部队士气作出贡献的人。

只有可爱乐观型才可以两星期不干工作,却因他的所作所为,成为唯一一名受表扬的人。

*容易交朋友

对可爱乐观型来说,世上没有陌生人,只要一声"你好",他们就会变成你的朋友。当其他人还在犹豫踌躇时,可爱乐观型已经跟在场的人打开了"话匣子"。每次我排队结账时,都会跟其他人聊一聊。我只要看看别人的篮子,就能找到谈话的话题。

一天,我和我那十几岁的、完美忧郁型的儿子一起排队。我注意到前面那位女士的篮子里全是面包,我觉得这有点不同寻常,于是问她为什么要买这么多面包。她告诉我她要去教堂参加晚餐会,分配给她的工作是买面包。我问她去哪座教堂,不久,我们就深入探讨起相关学说了。我们双方都觉得这段时间对我们来说是很宝贵的,分手时,我们已成了朋友。回家途中,我儿子小佛瑞德在车上说:"跟你一起去商店可真让人尴尬。"

我睁大双眼,这可是我的典型动作,天真地问道:"你什么意思?"

"你问那可怜的女士为什么买那么多面包。一个陌生人买面包跟你有什么关系?我再也不想和你一起排队了。"

可爱乐观型觉得自己友善的个性是一种资产,但其他性格类型的人却并不这样认为。一天晚上,我们外出吃晚饭。我离开佛瑞德及另一对夫妇去卫生间。当我正在洗手时,我注意到一位姑娘独自坐在塑料椅上。"你怎么啦?"我问道。

她叹了口气,抽泣起来,于是我在她身边坐下。原来她是一位新娘,刚跟丈夫吵了一架。我帮她分析了问题,教她去道歉,并把她送回丈夫那里。当我回到餐桌时,佛瑞德问我怎么会花这么长时间。我告诉他自己如何交了一位需要帮助的新朋友。一起在座的那位女士听后惊恐地看着我问:"在卫生间里跟陌生人交朋友,这难道不是一件很危险的事吗?"

也许对其他性格类型的人来说是危险的,但可爱乐观型却在哪里都能轻易交上朋友,甚至在卫生间里。

*总是令人激动

可爱乐观型做事很有眼光,跟朋友相比,他们的生活似乎更激动人心。这并不是因为他们做得有多不寻常,而是因为他们复述事件时,会给事件本身增色不少。

一次在飞机上,一位可爱乐观型男士坐在我旁边,立刻跟我谈起了好莱坞明星,仿佛他跟这些人都很熟似的。

"琼·克劳馥(Joan Crawford)可真吓人,竟有这种女人。真给我们镇丢脸!当我们失去苏珊·海沃德(Susan Hayward)时,我知道好莱坞完了。上次我在机场跟她在一起,她可真美。我跟着她走过洛杉矶机场,眼睛都离不开她那灿烂的红头发!当我们失去贝蒂·戴维斯时,我们知道一切全完了!"

趁他停下来歇口气,我忙问他是否是好莱坞的制片人,他回答说:"噢,不,我倒希望我是;但我是美洲航空公司的前台接待,所以见过许多明星。"

这是位可爱乐观型接待员对好莱坞女王们发表的个人看法。可爱乐观型无论做什么,都显得令人振奋。其他人会羡慕他们,而事实上,他们真正的经历可能比那些畏畏缩缩的人还要少。

　　可爱乐观型有一种能力，会在不知不觉中把一项简单的任务变成一个大事件。一天晚上，全家人都聚在我女儿劳纶家的客厅里，玛丽塔决定做爆玉米花。她蹦跳着进了厨房，后面跟着4岁的小兰迪。10分钟后，小兰迪跑进客厅，圆溜溜的眼睛亮晶晶的，像车前灯一样。

　　"快来看爆玉米花。它们炸得到处都是！"

　　我们跑进厨房，看见爆玉米花正从爆米花器的顶部像蓬松的火箭一样喷出来。我们都拿起碗，想接住冲出的爆玉米花。玛丽塔在这个新爆米花器里放了太多的玉米，她打开爆米花器，就去了浴室，留下小兰迪照看。这个错误变成了一场欢乐的聚会游戏，当我们追逐着爆玉米花时，小兰迪还以为玛丽塔阿姨的方法，是唯一的制作爆玉米花的方法呢！

第四章

让我们与完美忧郁型一起井井有条

噢,这世界多么需要完美忧郁型!

看透生命心灵的深度,
欣赏世界之美的艺术品位,
创作史无前例巨作的才能,
分析并得出恰当结论的能力,
不敷衍了事,兢兢业业工作的眼光,
善始善终的目标,
"只要事情值得做,必定值得做好"的誓言,
公正有序对待一切的愿望。

　　在我不了解各类性格前,我并不欣赏不像我的人。我想过充满欢笑的生活,一心只想着自己,并没意识到自己有缺点也需要帮助。学会自我分析后,我意识到自己只是位良好的表面人物,但缺乏坚持到底的精神。我开始钦佩佛瑞德的深度、灵敏、组织能力和列表习惯。我开始感到需要有像佛瑞德这样的真心伴侣和完美忧郁型益友,他们能透过表面看出生活的真谛。

　　即使还在婴儿时期,完美忧郁型也会有深思熟虑的表现。他很安静,要求不高,喜欢独处。最初,他就懂得严格遵守作息时间,并且跟做事井井有条的父母仿佛心有灵犀似的。噪音和混乱会使他们心烦意乱,环境的改变和日常生活的被打乱也会使他们无所适从。

　　当我们领养儿子小佛瑞德时,我们对他的性格一无所知,也不知道他是完美忧郁型孩子。社会工作者告诉我们他很严肃,几乎不笑,只有三个月大的他看起来似乎在分析身旁的每个人。后来,这些特点在他生活中始终如一。在少年时期,他严谨可靠,对玛丽塔无忧无虑的生活态度常常很恼火。他不觉得生活很有趣,也不会微笑着迎接每个清晨。他喜欢反省和分析事物,即使生活在一个非常外向的家庭,也没能改变他的性格特点。

　　成年后,完美忧郁型是思想家。他们目标明确、有组织、有计划、崇尚美好和智慧。在生活中,他们不会为了寻求刺激而匆忙完成一件事,而是要分析出最好的方案。没有完美忧郁型,我们几乎不会有诗歌、艺术、文学、哲学或交响乐。我们将失去深藏于人性之中的文化、优雅、品位和才智。我们将会少很多工程师、发明家、科学家;我们的账目会丢三落四,我们的柱形图表也会失去平衡。

　　完美忧郁型是人类的灵魂、头脑、精神和核心。噢,这世界多么需要完美忧郁型!

*深沉、周到、善于分析

可爱乐观型外向，完美忧郁型内向。可爱乐观型喜欢谈话，感情外露；而完美忧郁型深沉、安静、善于分析。可爱乐观型戴着玫瑰色眼镜看世界，而完美忧郁型生来就悲观，对问题有先见之明，做事前先要算好成本。完美忧郁型总想寻根问底，他们不会只看事物的表象，而是要挖掘其内部的真理。

当可爱乐观型高谈阔论，权威急躁型埋头苦干，平和冷静型袖手旁观时，完美忧郁型却在深思熟虑、创造发明。为了未来的成果，完美忧郁型宁愿忍受枯燥的生活。完美忧郁型孩子会按时坐在钢琴边练习音阶，使琴技日臻完美；但可爱乐观型孩子可能匆匆弹两遍"练习曲"，就"咚咚咚"地跑去玩了。

深层思维对完美忧郁型很重要，还躺在儿童床的栏杆里时，幼小的他们就开始观察周边的一切。完美忧郁型孩子爱研究玩具，爱分析游戏，喜欢自己动手为复杂问题寻找答案，还会有目的地认真计划娱乐活动。

在学校里，完美忧郁型喜欢学期论文和研究项目，因为觉得交流讨论会减慢进度，他们宁可独立工作。他们喜欢未曾深入调查过的议题，在有组织性、有逻辑性的教师面前反应灵敏。

我丈夫佛瑞德在童年时期，是家中唯一喜欢做菜的孩子。他喜欢分析程序，改进方法。我第一次遇见他时，他正在接受培训，将担任纽约市斯托福餐厅(Stouffer's)的经理，他的分析技巧在那里发挥得淋漓尽致。他喜爱做菜，是全组中唯一渴望参加菜品培训的人。他喜欢在午饭时走进乌烟瘴气的厨房，把嘈杂的一切调整得井然有序，并率领服务员们走向成功！

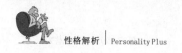

但有时他又过分吹毛求疵。我们才结婚时,他看着我做菜,评论说:"你有42个不必要的动作。"也许我是有多余的动作,但我的确不愿意听他这么说。

斯托福餐厅最赏识佛瑞德的是他能分析出餐厅的问题,并不慌不忙地悄悄解决。作为一名志向远大的年轻主管,他喜欢骄傲地站在餐厅一边,审视女服务员有没有把蝴蝶结系端正、每一幅画有没有歪歪斜斜、盐和胡椒有没有放在正中,以及每把椅子有没有摆放到位。然后他回到家里,目光一扫——你可以想象会发生什么事了。

完美忧郁型通常从事的是能发挥他们特长的职业。他们分析生活中的问题,为智囊库奉献智慧。深思熟虑和善于分析是他们的优点,但完美忧郁型有时也会走极端,反复纠缠一些问题,不断评估别人的表现。在完美忧郁型监视的目光下,其他人可能会感到惴惴不安。

* 严肃认真,目标明确

完美忧郁型很认真,他们设定长远目标,只愿做有长期目标的事情。不幸的是,他们常常与那些喜欢生活中趣事和肥皂剧的人结婚,那些令其配偶们兴奋的琐事却使他们感到索然无味。

我女儿劳纶新婚不久,我和她一起去买房。我们并不在意能否真正找到合适的房子,只是觉得到处看看很有趣。我们看的每套房子至少都有一项缺陷,到下午三点,我迫不及待地告诉佛瑞德我们所看到的那些可怕的结构。我走进他办公室坐下,津津有味地讲着当天碰到的趣事,希望他听了会很高兴。没想到佛瑞德问了一个关键问题:"劳纶买房了吗?"这直击事情的要害,还打断了我没完没了的叙述。

我不想回答这个问题，否则我就不能在感觉良好的时候继续滔滔不绝了。

"嗯……"

"你们买房了吗？"

"没有,但是……"

"不,别'但是'了。我在忙工作,没时间听你对这些根本没买的房子作冗长描述。"

我回家了, 终于意识到完美忧郁型不需要花一个小时来听一些鸡毛蒜皮的事,因为最简单的结果就是"没买"。

*天才——才华出众的人

亚里士多德曾说:"所有天才都有忧郁气质。"作家、艺术家、音乐家通常都是完美忧郁型,他们生来就有天赋的潜能,只要好好引导和培养,就能产生巨匠。虽然米开朗琪罗再也无法参与我们的测试了,但他毫无疑问应属于完美忧郁型。

在他塑造《摩西》《大卫》和《圣母怜子像》等古典雕塑前,他深入细致地研究了人体构造。他到停尸房亲手解剖尸体,研究肌肉和筋腱。因为他比同时代的其他雕塑家们更了解人们的内心世界,所以时至今日他的作品仍然备受保护和尊重。

如果让我来创作一个雕塑,我会精神焕发地劈下一块大理石,迅速削凿掉那些看起来不像大卫的部分。幸运的话,我的作品也许可以暂时填充一下皮穆古(Point Mugu)邮局前的空地,但《圣母怜子像》至今却仍使圣彼得大教堂熠熠生辉。

米开朗琪罗也是位建筑家,他写诗,还因为创作了罗马梵蒂冈

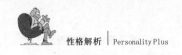

西斯廷教堂天花板上的壁画而举世闻名。为了画好《创世纪》中的九个场景,整整四年(1508—1512)时间,他都是躺在离地70英尺高的支架上进行创作的。

你可以想象一下如果米开朗琪罗是可爱乐观型的话,将会发生什么?他将不会先做好计划,而可能是从某个角落开始,画几笔脑海中临时闪现的东西。刚爬上支架,他可能就发现忘带了红颜料,不得不又下去。单独在上面干了几天后,他可能会对整个项目都兴趣全无,半途而废,导致亚当连一片遮羞的无花果树叶都没有。但米开朗琪罗是完美忧郁型,所以今天,他仍作为有史以来最伟大的、最富有创造力的天才之一而被人们铭记在心。

如果你是完美忧郁型,你是否要全力以赴地发挥你的天赋呢?

* 富有才能和创造力

完美忧郁型是最富有才能和创造力的人。他们可能成为艺术家、音乐家、哲学家、诗人和文学家。他们欣赏天资聪颖的人,仰慕天才,动情时也会落泪。他们为媒体报道的伟人而感动,为大自然的奇迹而惊叹。他们沉醉在交响乐中,低音喇叭的乐声萦绕在耳畔。性格组合中完美忧郁型占得越多的人,就越需要更好的立体声设备。

在最近的一个研修班上,我们把人们按性格类型进行了分组,佛瑞德想了解一下完美忧郁型这组中多少人有音乐才能。他请主席统计一下,然后报告给我们。当主席回来时,他报告说:

我们碰到的首要问题是如何定义"音乐才能"。有人觉得这指的是有音乐天分,有人则认为那些喜爱音乐的人也应算在内。我们分析了一会,决定进行两种统计:一种是喜爱音乐,一种是有音乐天分。我问有多少人喜欢音乐,18人举手。当我正要记下来时,一位年轻人问道:"你指的是古典音乐还是现代音乐?"由于大家的意见无法一致,所以我们又另加了两种统计:喜欢古典音乐的和喜欢其他音乐的。

然后我们回到另一部分,我问多少人有音乐天分,15人举手。但我们又被一位女士打断了,她问:"需不需要会一种乐器呢?我在高中吹过单簧管。"我们正想着给出恰当回答时,大家又开始了热烈讨论。当我们决定再采取另一种统计方法,区分以前玩过乐器的和现在还玩乐器的人时,一位男士又问:"如果我打算明天开始学钢琴,那怎么办?"这时,时间到了,我只好放弃了统计。

如果我们把这项任务交给可爱乐观型这组,他们会忘记是什么问题。而权威急躁型的主席则会问:"你们中几个伙计有音乐才能?"然后快速算算举手的人。平和冷静型会问:"有和没有之间有什么区别?"只有完美忧郁型会花15分钟来定义"音乐才能",然后拿出一份包含五节的报告。

* 喜欢清单、图表、图解和数据

我们偶尔也会做一份清单,但完美忧郁型在生活中却经常使用清单、图表和图解。完美忧郁型的思维方式很有条理,以至于当可爱乐观型只看见人时,他们眼中却有数字;当可爱乐观型想的是具体事件时,他们却展开了纵向思维。

维维安告诉我她爱用图表和图解,并说如果人们都能理解图表和图解的话,他们也一定会爱用的。她花时间向人们解释图表,

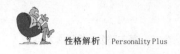

而有些人却不感兴趣,对此她很难理解。当她听说了性格类型理论后,她开始明白为什么有四分之三的人会对最精彩的图解和最绚丽的图表都无动于衷了。

其实,有计划地做事能帮助人们达到更高的目标,而对完美忧郁型而言,这却是生活的本质。为使自己保持井井有条,佛瑞德在衬衣口袋里放着一包 3×5 英寸的卡片,卡片的内容天天都在更新,已做完的事会被叉掉。同一口袋里,还插着六支不同的笔。在他的外套口袋里有三支铅笔和一支有内置手电筒的钢笔,能方便地在餐厅昏暗的灯光下看菜单,或在黑暗的剧院里找到失落的东西。在他裤子的右前袋里放着削铅笔刀和零钱,左前袋里是指甲钳。手帕在右后袋,钱夹在左后袋。早上出门时,他总是把一切都准备好,虽然看起来有些鼓鼓囊囊的。

来自底特律的芭芭拉告诉我,她为女儿操办了一场"精彩绝伦的家庭婚礼"。她花了几个月制订计划,给每位家庭成员都打印了指南,向他们解释各人的职责。她把门铃用胶带贴住,不让别人按,并在门旁放了一个标志牌:婚礼进行中。她拔掉了所有电话,给主领座员寄了一张详细的时间表。主领座员的其他职责还有:当婚礼进行曲的第一个音符奏响时,关上空调,以免风扇发出烦人的噪音。在旋转楼梯顶层,芭芭拉还钉了最后一条提示牌给新娘,上面写着:微笑!

* 有细节意识

在生活中我毫不在意的一些小事情,对完美忧郁型来说却很重要。比如说卫生纸,我过去习惯随意把卷纸安在卷轴上,佛瑞德提醒我做错了,我还反问:"什么叫做错了?卷纸已放上去了,难道还不行吗？"

他叹口气说："是，卷纸放上去了，但这是错的，你把方向弄反了。"

我目不转睛地盯着那卷纸，怎么也看不出方向反了。但他示范给我看：纸应该从卷轴的正前方落下——而不应该从后面落下对着墙，这样不好取纸。我虽然觉得纸从卷轴后面落下，取纸时也远不了多少，但我同意他放纸的方法，就照他说的做了。

几年后，印花卫生纸问世了。佛瑞德很激动，他指给我看，如果你把卷纸放对了，小花就会端正地开放；如果你放反了，小花就得跟瓷砖面对面了。我不得不承认他是对的，而他也感到事实证明他是正确的。现在，当我在别人家看到卫生纸放错了，我非要强迫自己把纸放对才行。

每次当佛瑞德在我们的研修班上分享这个故事时，许多完美忧郁型会走上前来，感谢佛瑞德使他们的配偶弄清了放卫生纸只有一种正确方法，这总是令我很惊异。

完美忧郁型是记录细节的专家，所以他们对可爱乐观型而言，是优秀的旅行搭档。他们能保管好机票，不会丢行李，甚至记得别人说的是几号门。

完美忧郁型是委员会里的宝贵财富。他们会问一些可爱乐观型所忽略的问题，如：我们能负担这个项目吗？租大厅要花多少钱？你觉得会来多少人？你要收多少钱？需要办这个活动吗？你有没有意识到你选的这个日子是复活节周末？如果没有完美忧郁型从中提醒，许多委员会就会热情高涨地忘记算成本。

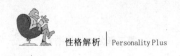

*整洁有序

当可爱乐观型在生活中寻求乐趣时，完美忧郁型却在追求秩序。可爱乐观型可以在乱七八糟的厨房里干活，或在杂乱无章的桌子上工作，但完美忧郁型却必须把东西摆得井井有条，否则他们就无法工作。

一位年轻女孩告诉我，她放学后找了份工作——帮一位女士打扫房子。当她干完活后，把所有的瓶子都放进柜子。正想离开时，那位女士叫住她，说她没把东西放好。那女士给她看了一张搁架图，上面精确地画着每个瓶子的位置——圆的放 Ajax 洗涤剂；椭圆的放 Windex 玻璃清洁液；长方形的放清洁剂；大圆圈放漂白剂。女士把所有的东西放到位，然后说："只有把东西放得各就各位，你才能每次都很快地拿到它们。"

完美忧郁型喜欢把柜子整理得井井有条。佛瑞德把短袖衬衫、针织衬衫和礼服衬衫都分门别类地放好。他的每条裤子都有专门的衣架和配套的皮带，所以他拿某条裤子时，绝不会碰落两条裤子，也不用急匆匆地找相配的皮带。他的外套和裤子是轮流悬挂的。每晚脱下时，他把它们挂在左边，第二天他从右边拿衣裤。这种方式能确保每天衣着式样不同，并且平均穿每套衣物。他的鞋在柜子里摆得整整齐齐，每个月他都要把所有的鞋擦一遍。

我们刚结婚时，我会按可爱乐观型的方式为佛瑞德叠衣物，总觉得把衣物放进后，如果还关得上抽屉，就是胜利。一天佛瑞德说："谢谢你帮我整理衣物，但你最好把它们摆在梳妆台上，让我来放好了。"我又问起我常问的问题："我做错了吗？"他指给我看，我如何把他的袜子胡乱一卷就扔进了抽屉。接着他把每只袜子从中间仔细对折,袜子后跟朝着同一方向,整齐堆放好。他把一切都做好后,每个抽屉里的东西都排列得像拼图一样。

差不多40年了,我还不能完全掌握完美忧郁型那种过分讲究的叠衣方法。我更喜欢像个欢快顽皮的孩子那样,从塞得满满的抽屉里找衣物,每当发现衣物时,总能给我带来一份喜悦!

一位医生的妻子是完美忧郁型,她为自己的社交活动建了两套档案。一个档案盒里有记录事件的卡片,如:1975年圣诞节和1980年复活节,并列出所有的参加人员,外加菜单。另一个档案盒里的卡片则按客人姓名的字母顺序排列。每张卡片记录了不同客人到来的日期和对菜单的反映(如果有意见的话也要记录),还有一栏标注着客人是否寄了感谢函。背面记录的则是她何时被邀请到这位客人家做客。14年来的每次晚宴,她都记得清清楚楚。

对我们这些不属于这种个性的人来说,我们要意识到有组织、有秩序对完美忧郁型来说是非常重要的,如果我们也朝着这个方向努力,那将受益匪浅。

* 优雅整齐

完美忧郁型总是穿着得体,注重修饰。男士们看起来精明能干,女士们的头发纹丝不乱。他们希望周围环境也优雅整齐,甚至拣别人乱丢的垃圾。15年前,我和佛瑞德一起去欧洲旅游。我们团里有两位大嗓门的可爱乐观型妇女,她们唯一的兴趣就是在博物馆和大教堂前拍照。她们带了一箱宝丽莱胶卷。当其他人在听导游讲游览巴特农神庙的注意事项时,她们却在门廊的柱子前摆姿势。她们拿出黑色的宝丽莱胶卷,随手丢掉包装盒,又去往下一个新的目的地。佛瑞德爱整洁的天性使他无法容忍丑陋的美国人在欧洲

大陆上留下一片片黏糊糊的黑纸,所以整整两星期,他一直跟在她们后面清理那些包装盒。后来,他平静地给一位妇女看了她丢弃的碎片,希望她能明白自己的行为是愚蠢的。

"对不起,这些是你丢弃的。"

那妇女回答:"啊,是的。这些都废物嘛。"

我儿子小佛瑞德从婴儿时期就表现出完美忧郁型的特点,他透过婴儿床的栏杆分析我们,蹒跚学步时,他小心翼翼地玩玩具,总在午睡前把他的小卡车摆得整整齐齐。当他会铺床时,总是完美展现床罩的花纹,把边角也一丝不苟地拉好。每天他都把绒毛玩具放在枕头旁固定的地点,如果有人挪动过,他就会知道。

一位完美忧郁型小伙子告诉我,他有一次去和一位可爱乐观型姑娘约会。他按时到姑娘的办公室接她,却被她杂乱无章的桌子吓了一跳,那姑娘出去办事了,仿佛忘了他们的约会。小伙子坐下等姑娘,注意到旁边的一张桌子很清爽。桌上的日历记事条目清晰,铅笔摆放整齐,笔尖朝着同一方向。写有"进"和"出"的篮子是空的。当桌面清爽的姑娘进来时,小伙子开始与她聊天。她衣着得体,对自己的工作清清楚楚。

小伙子说:"突然,我意识到我追错人了。前一位姑娘一直没来,所以我请第二位姑娘吃午饭,我们开始有计划地约会——直到现在仍在一起。"

*高标准的完美主义者

完美忧郁型的座右铭是:如果值得做,就要做得好。他们从不追求做快,而是追求做好。质量比数量重要。凡是完美忧郁型负责的事,总会按时准确完成。

辛迪告诉我,她的完美忧郁型丈夫菲尔,想把房子漆一遍,他知道只有自己能做好这项工作。那时房子看起来非常破旧,他开始把盖屋板一块块地用砂纸擦亮,这工作他干了整整一年。年底,他把房子刷得很美观。但他们要搬家,所以把房子卖了。辛迪承认由于漆刷得很好,房子卖了高价。

一位完美忧郁型报童给我看了一把他收到的皱巴巴的美元钞票,他告诉我说他讨厌皱巴巴的钱,所以总要把这些钱熨烫平整。只有完美忧郁型才会用蒸汽熨斗熨平钞票。

我自认为是位整洁的主妇,但我那完美忧郁型的儿子,小佛瑞德却觉得我还达不到他的标准。一次,我和玛丽塔一起去旅游,小佛瑞德长舒了一口气。他看着父亲说:"现在姑娘们都走了,我要让这房子变个样。"第一天晚上他用吸尘器打扫地板,擦亮客厅的家具,还按完美忧郁的方式重新把架子上的小雕塑整齐地摆好。

这个时代,平凡因超出平庸而被接受,但完美忧郁型却像闪耀的灯塔,为我们其他人树立了追求的高标准。

*节俭

完美忧郁型从不浪费,他们喜欢讨价还价。佛瑞德用剪刀把报纸上的打折优惠券小心剪下来,存好备用。如果是我的话,我会把优惠券撕下来,拿着这些奇形怪状的纸去商店。佛瑞德最开心的事是他曾得到一张每磅咖啡减一美元的优惠券,并且超市还举办"双优惠券日"。他为拥有一张双优惠券而异常兴奋,因为只需花37美分就能喝到咖啡。可爱乐观型从来不用这些打折券,但完美忧郁型却会保证让自己得到应得之物。

佛瑞德不但购物时讨价还价,而且还检查垃圾箱,以确保我不丢掉任何他认为尚有价值的东西。他会觉得如果我洗洗蛋黄酱瓶的话,还可以继续用它;我扔掉的香蕉做香蕉面包正合适;旧扫帚也还可以再用用。如果我不想让他东张西望地搜出什么东西,我只得拿到隔壁,把东西藏到邻居的垃圾箱里。

我祖母以前喜欢存线头,她有一罐子线头,上面标着"太短不能用"。我认识的一位完美忧郁型女士,把所有吃剩的食物放在塑料容器里存入冰箱。她还记下食物的名称和存放的日期。她把当天放入的东西存在后面,把以前放进的食品盒推到前面。这样,她就能按先后顺序吃这些剩食,一点也不浪费。

*深切关心和同情

完美忧郁型真诚关心他人,喜欢助人为乐。当可爱乐观型试图成为人们关注的焦点时,完美忧郁型却在观察他人,对他们的困难深表同情。一位温柔的完美忧郁型朋友告诉我当她在电视上看见整架飞机载满越南孤儿时,她情不自禁地哭了。她的心牵挂着他们,但她丈夫却问道:"你哭什么呢?你又不认识这些孩子!"

有一次,我们参加游行,当人们举着美国国旗从我们身旁经过时,佛瑞德深受感动,想起那些为祖国捐躯的美国人,他心潮澎湃。而那时,我却在人群中寻找熟悉面孔,希望游行后能搞一场聚会。

完美忧郁型善解人意,能做优秀顾问。他们愿意倾听人们遇到的问题,帮助分析问题,并找出可行的解决方法。可爱乐观型却不能静下来听别人诉说困难,他们也不想卷入任何麻烦。但完美忧郁型却会真正地同情、关心别人。

*寻找理想伴侣

可爱乐观型喜欢广交朋友,完美忧郁型却是十全十美主义者,他们希望找到十全十美的伴侣,所以他们交友时小心翼翼,宁愿只有几个忠心耿耿的朋友。

在决定向我求婚前,佛瑞德做了一个图表,列出了他理想妻子的品德。他用这些品德跟我逐一对照, 发现我能达到他所要求的90%,并认为在日后生活中,他能慢慢改变那剩下的10%。但我们结婚后怎么样了呢? 小错误被放大了,当初不具备的品德恰恰是十分必要的。

结婚没多久,佛瑞德就对我的表现大失所望。当他告诉我他做的图表时,我大吃一惊,原来他竟然用图表来分析我——而更使我难过的是他对我的失望。如果当时我们了解性格类型理论,我就能理解他的图表和他追求完美的愿望;而他也会意识到他的标准对可爱乐观型而言是太高了。这样我们就能省去许多麻烦。

当我们在惠蒂尔的一个研修班上分享这个故事时, 一位引人注目的美丽女孩过来与我们交谈。她在几年前也列出了完美丈夫要具备的12项标准,并把这些标准与她的男友们一一对照。其中最好的小伙子有9项符合要求,他们已订婚7年,但女孩还在等着小伙子的改进。我们建议这女孩要么学会接受小伙子的现状,要么放弃他,好让他能找到一位只列出9项或不到9项标准的姑娘。后来,女孩告诉我他们解除了婚约。追求理想是生活的积极目标,但要意识到我们永远也不可能找到十全十美的人。

完美忧郁型是理想化、有组织性和目标明确的人。

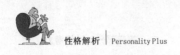

第五章

看看我们的情感

暂停！(进行几分钟的反省)

我想你现在对活泼开朗的可爱乐观型和深沉、善于分析的完美忧郁型都有所了解了。这两种性格，在生活目标和行为方式上都截然不同，但有一点是相同的，他们都感情丰富，易受环境影响。可爱乐观型凭感觉生活，他们的情绪跌宕起伏。一位典型的可爱乐观型能在不到半天的时间里经历六次情感危机。任何事情不是太好就是太坏，没有中间过渡。可爱乐观型母亲正兴高采烈地讲电话时，孩子从椅子上摔下来。她尖叫一声:"他要杀了自己呀!"然后扔下电话,抓起孩子跑进屋,伴着孩子的喊叫声找着邦迪牌创可贴。这时门铃响了,来访者是牧师。她请牧师进来,匆忙把孩子放在小床上,扔给他一条毛巾擦血,说:"你还敢哭!这是牧师。"接着她滑进客厅,面带微笑,温柔地说:"这真是美好的一天啊!"

你能感受到可爱乐观型在生活中的这种情感变化吗?如果你要画出可爱乐观型的情绪图,那将是忽上忽下,高潮和低谷交替的……

完美忧郁型站在后面观察,挑剔地评判着这种起伏的生活:"如果他能镇定一些,那么……"或"如果他能更专注一些,那么……"

*延伸模式

完美忧郁型没有意识到的是自己也感情丰富,只是他们的情绪高潮更高,低谷更低,整个模式只是向上下延伸而已。也可以这么说,完美忧郁型处于正常情绪的中间点。他不会为什么事而烦恼。他拿出午餐盒,发现他那可爱乐观型的妻子忘了给他做三明治。他告诉妻子,然后看着她忙个不停,匆忙把几样食品拼凑在一起。妻子一边拨弄着莴苣,一边舔掉手指的汁液。他想:太不卫生了!但他不会像妻子那样感情外露,他依然保持沉默。妻子拿起三明治,又去拉放袋子的抽屉。抽屉太紧,她使劲一拉,不由向后一个趔趄,手中的三明治也掉了。他看着妻子从地板上拣起三明治,整

理了一下,说:"沾点灰尘没关系。"这时,完美忧郁型的胃打结了,他想也许该考虑去吃麦当劳。

他满腔怒火,但还是静静地离开了家。第二天妻子又忘了做三明治,他告诉她,但不同的是他决定自己做三明治。碎肝红肠发霉了,面包因为妻子没包好,也变干了。他指出妻子的错误,妻子放声大哭起来,她的情绪就是这么变幻不定。

第三天他自己做三明治。他把相应的配料带回家,听到妻子正在电话中谈笑风生,他很愤怒,觉得妻子应该多为他想想。他走了,没有说再见——"砰"地一声关上了门,想刺激一下妻子。晚上回家后,他一言不发,妻子问他怎么啦?他说没什么。"冷战"就这样持续着。

他就这样沮丧地过了一个星期,妻子终于从他口中得知这是因为她忘了给他做三明治。妻子大叫:"就为了一片意大利香肠,你居然一星期不跟我说话?"

他进一步陷入沮丧之中,对妻子如此情绪化感到很奇怪。又过了几个星期,妻子尽职尽责地做好三明治,他的情绪才恢复过来。你见过这种夫妻吗?两人都感情丰富,易受环境影响。可爱乐观型的情绪几分钟就会变,完美忧郁型的情绪波动却能延续一个月。

*共同之处

两种性格类型的人都觉得对方太情绪化。完美忧郁型觉得可爱乐观型神经紧张且失魂落魄,可爱乐观型则认为莫明其妙的抑郁也是不可思议的。但当这两种性格类型的人开始相互了解他们的情绪模式时,他们会发现彼此有许多共同之处。他们都感情丰富——但步伐有点不同。当他们把问题公开后,就能释放压力。完

美忧郁型能帮助可爱乐观型化解一些日常生活中的危机，而可爱乐观型通过好好计划，灵活安排，也可以防止完美忧郁型陷入沮丧。

*与权威急躁型及平和冷静型相处

可爱乐观型和完美忧郁型都感情丰富，易受环境影响，这两种性格类型都不复杂。权威急躁型是直率、有条理、积极的人，他们只有一个目标：按我的方法做，现在就开始！

平和冷静型是容易相处、随和、面面俱到的人，他们总想避免争论和冲突。

如果有人做错了，权威急躁型会在刹那间暴跳如雷，但当他把每个人都安排妥当，觉得一切都过去了，又会恢复常态。平和冷静型如果无法走出困境，会暂时陷入情绪低谷，即使他下定决心战胜困难，你可能也察觉不到。平和冷静型为自己的稳重而感到骄傲，他说："我从不让别人察觉我在想什么。"

随着可爱乐观型情绪的起起落落，像被灯的开关控制着一样，你可以察觉出他们的感觉。

看看完美忧郁型进屋时有没有满脸乌云，你就能知道他的情绪。

权威急躁型总是情绪高涨、生机勃勃；而平和冷静型总是保持稳重和低调。

正如反复无常的可爱乐观型会被深沉的完美忧郁型所吸引，

内向的完美忧郁型又会被开朗的可爱乐观型所吸引，所以权威急躁型喜欢平和冷静型做下属，而优柔寡断的平和冷静型也需要有人为他们做决定。

可爱乐观型和完美忧郁型可以相互弥补性格中缺失的东西，而当权威急躁型和平和冷静型相互了解并开始接受对方的性格时，他们之间也可以互补。当我们继续研究权威急躁型及平和冷静型的性格特征时，你就会明白我的意思。

第六章

让我们与权威急躁型
一起行动

噢！这世界多么需要权威急躁型！

在迷失自我时的坚定控制，

在迷雾茫茫中的果断决策，

在引领我们走向美好时的领导能力，

在迷惘局势中抓住机会的意志，

在嘲笑面孔中坚持真理的信心，

在被算计时孤独坚守的自强不息，

在我们迷路时的路线图，

在困难重重时敦促人们"拿起武器消灭它们"

的坚忍勇敢。

　　权威急躁型是充满活力的人,他们敢于梦想遥不可及的未来,敢于追求看似不能达到的目标。他像罗伯特·布朗宁一样认为:"一个人的想象总应当超过他的能力,不然为什么要有天堂?"权威急躁型总是制定目标,不懈努力,直至成功。当可爱乐观型在夸夸其谈,完美忧郁型在冥思苦想时,权威急躁型却已达到了目标。只要你遵照他的金科玉律"现在按我说的做",你就会发现他的性格其实易于了解也容易相处。

　　在乐观开朗方面,权威急躁型和可爱乐观型很相似。权威急躁型能与人坦诚交流,他明白任何问题都会迎刃而解——只要是由他来负责。他比其他性格类型的人做得更多,他会让你清楚地知道他的立场。由于权威急躁型目标明确,天生具有领导才能,因此不管选择何种职业,他往往都能达到顶峰。大多数政坛领袖都是权威急躁型。在 20 世纪 80 年代初,有一男一女两个优秀例子:美国国务卿亚历山大·黑格和英国首相玛格丽特·撒切尔。在《时代》杂志(1981 年 3 月 16 日)的一篇题为《"教区牧师"主持工作》的封面故事中,乔治·J·邱吉写道:

　　很少有人能像 56 岁的新任国务卿亚历山大·梅格斯·黑格那样能迅速掌控外交政策。在水门事件最黑暗的日子里,他是前白宫的陆空军司令,他担任过前"北大西洋公约组织"盟军司令,当过士兵—官员—外交官,他的自信心和钢铁意志相得益彰。1 月份,在任命黑格的意见听取会即将结束时,马萨诸塞州自由民主党参议员保罗·桑格斯(Paul Tsongas)说道:"他将运用智慧支配这一机构。"

　　若事实并非如此,那也仅仅是因为缺乏尝试机会而已。12 月,在里根宣布提名黑格后不久,黑格就解散了研究外交政策的过渡组成员,以此来展示他主持工作的决心,他还把该小组缺乏创意的报告"托付"给了碎纸机。在里根宣誓就职后几小时,黑格就交给总统顾问埃德温·米斯(Edwin Meese)一份备忘录,建议重组外交政策决策机构,使国务卿拥有最高权力;两星期前,里根批示授予黑格所要的大部分权力,尽管不是所要求的全部权力。黑格比其他任何内阁成员的行动都要快得多,他已差不多完全选好了下属小组……

这篇文章中可以找到典型的形容权威急躁型的词:迅速、掌控、司令、自信、钢铁意志、支配、主持工作的决心、托付、重组、决策机构、最高权力、批示、权力、快、完全。

随着你对这种性格的逐渐了解,并在生活中加以运用,你会发现即使是阅读《时代》杂志也变得更有趣了,同时,你对别人的理解和预测别人对某件事会如何反应的能力将大大提高。

在一篇有关英国首相玛格丽特·撒切尔的文章中,也使用了许多形容权威急躁型的词:超越、支配、有才华、能干、有女王气质、果断、激烈的竞争性、更强硬、更直接、挑战、进攻战术、必定、对建议不满。把这些词挑出来后,可以明显看出她是位权威急躁型领袖。据说她"好穿色彩艳丽的衣服,言谈具有说服力"。她是一位生气勃勃的女人,信心十足,充满控制力。

* 天生的领袖

权威急躁型从小就展示出想负责的欲望。他们是天生的领袖,透过小床的栏杆望出去,他们计划着如何能尽快从母亲那取得权力。对他们而言,掌权只是迟早的问题。他们会让父母知道他们对生活的期望,并且很早就会从父母那里要求权力,他们会以大喊大叫和发脾气来巩固自己的控制权。

　　我经常跟不了解这种性格类型的母亲们聊天,她们告诉我,这类意志坚强的孩子不愿做父母交待的事,他们想为全家人做决定,小小年纪,就坚定地要支配全家人。

　　我女儿劳纶就是权威急躁型。刚刚会走路,她就考虑周到,并能管理家务。当玛丽塔出生后,四岁的劳纶就成了称职的"第二母亲"。我对她很放心,她会正确加热奶瓶,还会培训保姆。当她上幼儿园时,老师告诉我:"我从不担心要离开班上一会儿,因为劳纶不需要别人帮助就能把班上的事管好。"她说对了,在学校里,劳纶都是班干部,还取得了心理学和工商管理学士学位。

　　最近我拜访了一个家庭,这家 8 岁的女儿詹妮是家中的"女王"。她有 4 个对她言听计从的哥哥姐姐。她母亲也是权威急躁型,管理着家族生意,但回到家,她也得听詹妮的。她承认:"这总比跟她打架要省心些。"

　　这天晚上 6 点,母亲宣布:"我们要带莉托夫人一起去牛排屋吃晚饭。"

　　詹妮清晰地反驳说:"我要吃比萨饼。"

　　其实我和詹妮知道我们出去是吃比萨饼,但母亲想在我面前展示一下威严,所以她拖着詹妮的手,重申说:"我们出去吃牛排。"

　　詹妮推开她的手说:"别拖我,我要吃比萨饼。"她的目光向匕首一样射向她母亲,最后的胜利是显而易见的。

　　詹妮扑在地上开始哭。哥哥姐姐们跑过来问:"詹妮为什么哭?"

　　"因为她想去吃比萨饼。"

　　"那为什么我们不去吃,让她高兴呢?"

　　"哦,那好吧。我们去吃比萨饼。"

　　这时,詹妮迅速跳起来,向我抛了一个胜利的眼色,于是,我们就去吃比萨饼了。

第二天我问她母亲："詹妮从什么时候开始控制这个家的？"母亲叹口气说："我想差不多三个月大吧。小小的她知道只要一尖叫，我们就会跑过来。从那时起，她就像老板一样地差遣着我们。"

可爱乐观型的玛丽塔，其性格中也有许多权威急躁型的特征。一次，在从加拿大回家的途中，她要飞到斯普肯（Spokane），转机西雅图，再去洛杉矶。当飞机降落在斯普肯时，她被告知没有去西雅图的飞机了（没有任何解释）。但她还是走到原定的登机口，除了看到一群愤怒的乘客，她没见到任何航空公司的职员。她又到了另一个登机口，从职员那里打听到许多消息。于是，她回到原登机口，坐在高高的票务柜台上，凭着有限的知识，解答那些前来问讯的人们。很快，人们就向她问这问那了，包括男卫生间的方向。

由于航班明显要延误几小时，人们开始策划不坐飞机的办法。玛丽塔走到赫兹（Hertz）汽车租赁公司的柜台前，查询租车到西雅图的价钱。掌握这些资料后，玛丽塔回到了她的高椅子上，俯视着人群，叫人们注意。大家都听着她解释 B 计划，她让那些想坐在驾驶员座位上开车的人举手，然后把他们分成 6 个组，每组任命一位组长来开车，一位会计来收钱。当她领着人们愉快地到赫兹公司时，一位妇女说："航空公司能雇这么可爱的女孩来照管我们，真是太好了。"

在危难之时，权威急躁型会控制局面。

＊迫切需要变化

权威急躁型很难抑制自己，每当看到什么东西放错了，或哪里有错又无人问津，他们都要去把这些错纠正过来。权威急躁型能很快找到原因,改正错误。他们满怀信心地关注错误,决不会漠不关心。

权威急躁型会把别人房间里的图画挂正,把餐馆里的银器擦亮。一天,我在一位可爱乐观型的朋友家里帮她收拾碗碟。我注意到她的银器抽屉乱七八糟的,银餐具混作一团。我不假思索地把所有的银餐具倒出来,清洗了分类盘,把各类餐具放在了相应的隔间里。当她看到所有的叉子都在一个格里、所有的勺子都整洁地放在另一个格里时,她眨眨眼睛说:"现在我终于明白为什么分类盘要有这些小格子啦。以前我根本不知道它们的用途。"

在菲尼克斯城举办的一次性格解析的研修班上,我和权威急躁型朋友玛丽琳正在深入交谈,这时她妹妹玛丽·休来到了我们中间。虽然我们俩谁都没有分心,但我注意到玛丽·休的衣领蜷缩着,我便自动伸手过去帮她整理衣领。我的手在玛丽·休肩上,又看到玛丽琳的手也在她的另一个肩上,正在拍玛丽·休外套上的棉绒。在甚至不知道自己在做什么的情况下,我们两个权威急躁型都不由自主地改正了一些小错误。

*意志坚强,果断决策

权威急躁型天生就意志坚强,并能果断决策。而这种能力是所有组织、企业和家庭都需要的。在其他人犹豫不决之时,权威急躁型能迅速决策。尽管不是每个人都欣赏他们的决策,但他们既解决了问题,又节省了时间。

海伦在参加完一次研修班后对我说:"现在我明白为什么我的欧洲之旅会发生那些事了。那时我不了解性格理论,但跟我一起去旅行的三位朋友显然都是平和冷静型的。"她告诉我他们是多么的优柔寡断,所以她不得不负起责任。"每晚我都要告诉他们什么时候在酒店大堂见面,穿什么衣服。'早上 7:30 准时在楼下见,带好旅游鞋,因为我们要游览温莎堡。'他们不会为任何事而激动,我不得不把他们拖下车来看风景。有一位甚至拒绝进巴黎圣母院,因为她觉得所有的教堂都一样。每天中午回来时,他们都要睡午觉,我不得不提醒他们:'别睡过头了,否则会误了晚上的游览。'要不是因为有我在,他们今天还会站在伦敦皮卡迪里(Piccadilly)广场上!最让我伤心的是我们回来之后,他们中居然没有一个人跟我打过电话。"

权威急躁型在生活中扮演着一个很难演好的角色。他们有答案;他们知道如何去做;他们能果断决策——但他们很难得到别人的喜爱,因为他们的自信和武断使人感觉不安,他们的能力又使他们显得专横。在了解了性格理论后,权威急躁型应该努力使自己的行为更稳健,这样,其他人才会既欣赏权威急躁型的才华,又不讨厌他们的行为。

* 能运作一切

即使对相关机构的规章制度知之甚少,权威急躁型也能运作一切。如果在一年内不可能成为某组织的会长,那么我是不会加入该组织的。我曾经参加过康涅狄格州演讲和戏剧协会的第一次会议,在会上成了会长——而在此之前我还没有加入该协会。权威急躁型天生具有升到顶峰并掌控一切的能力。

我自己给自己定了一条很难执行的定律,那就是:不要去纠正别人的每一个错。这对别人来说听起来很简单,但对权威急躁型来说却很难。即使是以前从未参加过的活动,权威急躁型也能很快将一切运转得井井有条。我和权威急躁型的市长夫人彭妮(Penny)一起去参加一个有 500 名妇女参加的午餐会，人们已将长长的餐桌排成了"V"字形,妇女们从两端排队走到中间取食品,结果却很糟糕。有几个人的盘子碰在一起,食品掉在地上;有人失手摔落了碟子,碎片溅了一地。队伍挪得很慢,我们还没排到,食品就取光了。我坐下来,以权威急躁型的眼光分析这个情景。这时,我注意到彭妮也在沉思。我问她想什么,结果她说出的计划跟我的想法正好不谋而合。我俩都看出桌子应该排成"X"形,这样可以同时排出四队,而且人们也不会与相向的人面对面地相遇了。

当意识到这整个过程都不是我们所能控制的，而我们的权威急躁型大脑还在忙碌着纠正别人的错误时,我俩大笑起来。权威急躁型自然而然地能看出生活中一些问题的有效解决方法，他们想不通为什么别人提不出这种正确意见。

* 目标明确

权威急躁型总是对追求目标更感兴趣,而不想取悦他人。这样做有积极的一面,也有消极的一面。当他们达到目标时,可能只是孤零零的一个人。我认识的一位初级妇女俱乐部会长,为会员们定下了她任期内要达到的、令人难以置信的目标。她激励大家,密切监视每个人的进度。最后,在她任期内,她的俱乐部比别的俱乐部赢得了更多的区级奖项,但她坦言:"我在俱乐部里没有一个朋友了。"

在我担任圣伯纳迪诺县妇女俱乐部的会长时，我请一位权威急躁型女士担任一个委员会的主席，她答复说:"如果不要委员的话,我会很愿意当主席。那些女人太碍事了。"

不让别人参与,权威急躁型却能把工作做得更好。因此他们常常成为孤独的人。这并非他们愿意,而是因为没人能跟得上他们的步伐,并且他们还让别人觉得自己是前进路上的"绊脚石"。

*组织有序

由于我有机会访问许多家庭,所以我观察到不同性格的母亲是如何养育他们的孩子的。我在菲尼克斯城的朋友康妮是一位尽善尽美的权威急躁型,她组织能力强,持家有方,能坚持不懈地完成计划,所以家庭很和睦。经过她的训练,即便她不在家,她的两个小儿子, 权威急躁型的安迪和平和冷静型的杰伊也能把家收拾得井井有条。一天晚上,我和玛丽塔到她家时比预计晚了许多,康妮已离开去开会。安迪在门口迎接我们,他说:"妈妈出去了,但我和杰伊会为你们准备晚饭的。"当我们看着他们做准备工作时,我注意到柜子上有一张卡片,上面有简单的指示:

安迪:拌好色拉,混合莴苣叶,水果置于顶部。

盛好汤端上。

杰伊:倒冰水。

加热面包。

甜点在冰箱里,用薄荷点缀。

男孩们只用了几分钟就完成了任务,我们一起享用了一顿丰盛的晚餐。10 到 12 岁的男孩很少有这么高的效率,但他们经过有组织力的母亲坚持不懈的培养,显示出训练有素的高效率。

我向四周一看,注意到康妮在一些关键处放置的提醒孩子们的简单条子。电视机上是一张打印整齐的标记:"如果你按时间表完成了计划,周日晚上可看一小时电视。周末经允许方可看电视。"

钢琴上放着一张 3×5 英寸的卡片,上面写着:"大声打拍子。"浴室的镜子上贴着:"保持水槽和镜子干净。"厨房里是:"如果不把碟子放进洗涤槽,每次扣 25 美分。"

其他性格的母亲可能会觉得这种组织方法工作量太大,但事实证明,这种方法是快乐而有效的。我孩子还很小时,我就训练他们帮家里做事,为他们绘制工作图,并核对他们是否完成了工作目标。我坚信,当母亲站着时,大家都应站着;但母亲工作时,大家都应工作。

由于我对孩子们训练有方,性格各异的孩子们长大后都成了遵纪守法的劳动者。在任何企业、家庭或单位里,都必须完成目标。一个人如果不知道自己要去哪,就不会达到目标。权威急躁型是迅捷高效的组织大师。

＊委派工作

权威急躁型最宝贵的财富是他们能依靠其组织天赋,比别人完成更多的工作。他对任何工作都能很快找到处理方法,他会把一个项目划分成几块智力工作。他知道自己可以得到什么帮助,并能迅速在工作组中分配好任务。他也给游手好闲的旁观者分配任务(因为他认为任何人都是宁可工作而不愿无所事事的)。

在我孩子的成长过程中,带有部分权威急躁型性格的我和佛瑞德会制作工作图,在上面列出每个孩子当天的职责。他们放学回家后,会查看工作图,要完成该做的事,才能出去玩。如果有来访的孩子在我家待的时间超过 3 天,我就会在图上为他分配工作。我曾无意中听到一个男孩对小佛瑞德说:"你妈妈肯定很喜欢我,她把我的名字写在工作图上啦。"

我觉得许多母亲都忽视了家中潜在的自由劳动力,而建立一个简单的委派任务体系也是要做许多工作的。

一些权威急躁型渴求控制权,他们只把次要任务——"傀儡工作"委派下去,大的计划要留着自己做。但这种保护控制权的做法走得太极端的话,就会阻碍他们完成更多的工作。他们应该学会与人相处并巧妙地委派更多的工作给别人。

*愈挫愈奋

权威急躁型不但喜欢达到目标,而且愈挫愈奋。当可爱乐观型开始做某项工作时,如果有人说这工作不可能做到,他们会十分感谢这人,然后退出这项工作;完美忧郁型会为自己在计划和分析上花费时间过多而后悔;而平和冷静型则对工作不可能完成感到高兴,因为他们觉得第一阶段的工作听起来就够多了。但如果有人告诉权威急躁型工作是不可能完成的,却只会刺激他们成功的欲望。

洛娜告诉我当她丈夫忽视某项家务时,她会想办法让他完成这项家务。她会说:"你母亲今天来过了,我告诉她你打算挂这些窗帘,她说'为什么乔(Joe)连怎么挂窗帘都不知道! '"于是乔立刻从沙发上站起来,迅速地把窗帘挂好。

许多权威急躁型都成了职业运动员,原因之一就是他们喜欢来自对手的挑战。在足球场上,当面对 11 位巨人时,其他性格的人可能会胆怯,但权威急躁型却在激烈的争夺中变得很兴奋。权威急躁型不论男女,都有杀手本能和抓住机遇的欲望,这使得他们能攀登到商务世界的顶峰。他们不会因遭到批评而垂头丧气,也不会为别

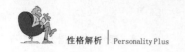
人的冷漠而缩手缩脚,他们紧盯目标,愈挫愈奋。

*几乎不需要朋友

可爱乐观型需要朋友当观众;完美忧郁型需要朋友的支持;但权威急躁型却不需要身旁有人。他有自己的计划,他认为社交既浪费时间,又无助于完成任何事情。一旦有了目标,权威急躁型就会为集体活动而努力工作,也会很高兴地投入并管理资金,但他们不会把时间花在无聊的闲谈上。

*通常是对的

权威急躁型体内似乎有内置天线,能感知形势。只有确信自己是对的,他才会表态。这一特点是宝贵的资产,但与权威急躁型打交道的人却并非时时欣赏他们的意见。米茜(Missy)曾告诉我,她那权威急躁型的丈夫从不犯错,她对这一事实真的很厌烦。她希望他会跌倒,以此表明他也是个凡人。一天,她忽然想到:如果她想雇一名商务经理来料理家事,她肯定要找一个没犯过错的人,现在家里不是已有一位免费经理了嘛。从此她开始用新的、积极的眼光看待丈夫了。

* 卓越的紧急情况处理能力

作为权威急躁型的我喜欢处理紧急情况。一天,我正在圣塔罗莎(Santa Rosa)俱乐部准备开始演讲,城里这一片的灯突然全熄了。妇女们尖叫着、喘息着,就像在黑暗的餐厅里努力找水杯似的。

在这种情况下,我想除了权威急躁型,其他性格类型的演讲人都会投票结束演讲,让大家回家的。但这时我的大脑却立即进入了高速运转状态,我想出了在黑暗中发言的新方法。两个句子浮现在我脑海:

"我已经到了在昏暗角落里才显得最美丽的年龄。"

"既然没什么可看的,你们就听我说吧。"

我正计划着新颖的开场白,灯又全亮了,圣塔罗莎俱乐部再也不会在黑暗中回荡我欢快的开场白了。

还有一次,我正在印第安纳波利斯市的圣殿(Shrine)礼堂发言,舞台后一个有着30支风笛的乐队突然开始演奏《坎贝尔军来了》。我的声音完全被淹没了,当主席跑过去叫乐队安静时,我想出了一个富有创意的话题。很快,音乐节奏放缓了,就像轮胎放气一样,主席进来解释说圣殿的军乐队不知道与我们只有一墙之隔,他们正在为星期六的游行练习演奏。我急中生智地说,在我发言时,如果有一支苏格兰乐队进行音乐伴奏,那是再美妙不过的事。因为我母亲卡蒂·麦克道高(Katie MacDougall)曾身穿苏格兰方格呢短裙,吹着风笛游行。接着我停止讲述生活故事,转而谈起了自己家族中的苏格兰先辈。

啊,权威急躁型多么喜欢紧急情况啊!这样他们就能在意想不到的情况下,特别是在一个有着30支风笛乐队的伴奏下,转朝新的方向。

第七章

让我们与平和冷静型
一起放松

噢！这世界多么需要平和冷静型！

在规定的过程中保持稳定，

有容忍惹是生非者的耐心，

有倾听别人说话的能力，

有调节、团结相反力量的天赋，

不惜任何代价也要达到和平，

有安慰受害者的同情心，

当周围人惊慌失措时，

有保持冷静的决心，

有遵循这种生活方式的意志，

即使敌人也找不到他的缺点。

理解个性是理解人的第一步。如果我们看不出人与人之间的内在差别，不能接受人们的不同性格，我们就会觉得性格不像我们的人都有些不正常。

当我们了解了性格理论后，我们开始明白"异性相吸"的道理。我们知道了一个家庭如果由不同性格的人组成，就会带来不同的行为和乐趣。上帝没把所有的人都造成可爱乐观型，如果那样的话，我们的生活会充满欢乐，但却缺乏组织性。上帝也没把所有的人都造成权威急躁型的领导，如果那样的话，就没有追随者了。

上帝也不想让所有的人都成为完美忧郁型，否则，如果事情进展不顺的话，我们都会感到很沮丧。

上帝特别创造了平和冷静型，他们是其他三类人的情感缓冲器，他们带来了稳定和平衡。

平和冷静型使可爱乐观型狂热的计划更趋于理性；平和冷静型拒绝铭记权威急躁型的英明决定；平和冷静型也不会对完美忧郁型的复杂计划太过认真。

平和冷静型是我们中的伟大平均主义者，他们向我们展示："这没什么要紧的。"从长远来看，这真是没什么要紧的。我们都属于一项综合计划的不同部分，如果不同性格的人在各自岗位上尽其所能，大家就能齐心协力地绘出一幅振奋人心的和谐画卷。

*多面手

在所有的性格类型中，平和冷静型是最容易相处的类型。从一开始，小小的平和冷静型婴儿就为他们的父母带来幸福。有平和冷静型的孩子在身边是件令人愉快的事,不管把他们放在哪里,他们都是高高兴兴的;他们会容忍时间表变来变去;他们喜欢朋友,但独处时也很快乐。没什么事会使他们烦恼,他们还爱观看从旁边走过的人。

我女婿兰迪是平和冷静型,兰迪和他父亲都曾跟我分享过他的童年故事。他很容易与人相处,能适应任何环境。他是位认真的学生,每星期好几个晚上,他父母都打桥牌,但他却不懈地读书,并养成了收集硬币的习惯。父母走到哪里,都带着他们唯一的儿子和几本书。无论在哪,兰迪都会自我调节,认真读书,不惹任何麻烦。他文雅的举止和对知识的渴求使他荣幸地成为金币专家和县钱币协会会长。他在任何地方都能适应,在不同的环境下,既能口若悬河,又能一言不发。我母亲曾称赞说:"兰迪是一个圣人。"

如果有最和谐的人,那么平和冷静型是最接近的:他不走极端,不愿过无节制的生活。他坚定地走中间路线,避免与人冲突。平和冷静型不冒犯他人,不想引起别人注意,默默努力,不求出人头地。如果说权威急躁型是"天生的领导",那么平和冷静型就是"学来的领导",他们善于与人相处,因此,只要有适当的激励,他们也能升到顶层。当权威急躁型想运转一切时,平和冷静型却保持低调,不爱出风头。

一天,我在一家购物中心的电话亭里打电话,一位曾听过我的《性格解析》磁带的年轻女士根据声音认出了我,我俩交谈起来。她叫布迪塔(Burdetta),可爱乐观型的她刚给平和冷静型的丈夫打了个电话。她要丈夫回家关上干衣机,这样她就能按时参加网球赛了。如果是我家的话,我不知道佛瑞德会不会觉得这个理由很重要。但布迪塔向我保证她丈夫会放下工作回家关干衣机的,因为干衣机的计时器裂了,她丈夫不会让衣服烧焦的。当她穿着网球服蹦蹦跳跳时,我问她愿不愿意写下她那优秀的平和冷静型丈夫的光辉事迹,于是她写了以下的话。

亲爱的弗洛伦斯:

12月14日是星期一,在南海岸广场的电话亭里,一位穿网球服的女士根据你的磁带认出了你的声音,她向你问好,那女士就是我!在我们谈话时,你问起平和冷静型的优点,我答应会写好寄给你,因为我已同一位平和冷静型结婚并快乐地生活了20年了。

我是可爱乐观型和权威急躁型的混合型,以前我认为只有同可爱乐观型相处才有趣,只有权威急躁型才值得交往。作为一名典型的可爱乐观型和权威急躁型的混合型,我常觉得自己的方法是唯一的方法。

当我开始思考平和冷静型的优点时,上帝使我变得温顺起来。我生活的力量和婚姻的稳定都是源于我那平和冷静型丈夫。

他们总是很冷静、不发怒、在压力下控制自己、从不冲动,有逻辑性、可靠、忠诚,并有耐心。他们不会为别人设定目标;他们真诚接纳人的本性,不会强求妻子或孩子去改进自我。

平和冷静型是优秀父母。虽然不善于训练孩子,但他们随和的态度造就了容易知足的孩子。我十岁的儿子喜欢棒球,积极参与少年棒球联合会的联赛,不管是输是赢,他父亲总是不断地鼓励他。

他们是伟大的老板。人们喜欢为他们工作,因为没有压力或批评,秘书们会主动地多做一些额外的工作;在这种环境下,人们的自尊心得到尊重,生产力也提高了。

他们是理想的仲裁者。因为他们冷静、不感情用事、有逻辑性,寥寥几句安慰的话语,就能化解一些紧张局面。

平和冷静型妇女天生就泰然自若,对此,可爱乐观型妇女只能

在远处羡慕。平和冷静型妇女温文尔雅,使她们显得与众不同。她们温柔娴静的姿态使周围的人倍感快乐。

我那平和冷静型丈夫还有一种冷幽默感,他不会把生活看得很严肃。当我遇到你时,我正给他在圣塔安那(Santa Ana)的办公室打电话,告诉他我忘关干衣机了,并要求他如果去比佛利山(Beverly Hills)办公室的话,要在家里停一下,关掉干衣机。他的回答很简单,叫我别担心,如果房子烧了我们会再买一座;明知道我从不付保险单,并且我也不清楚家里有没有买保险,但在挂断电话前,他又加了一句——"我相信你一定付了上星期送来的那张火灾保险单!"他那出人意料的幽默话语使我紧张的心情放松多了。

平和冷静型确实有许多优良品德,我觉得我们应该把他们留在身边。

你真诚的

布迪塔·洪丝科(Burdetta Hoescko)

*低调的个性

平和冷静型举止文雅、令人愉快。如果哪个家庭没有平和冷静型,那他们应该"引入"几个。布伦达来陪我孩子住了一星期,大家都喜欢她。生活在我们这个权威急躁型家庭的压力下,布伦达的低调个性使我们开始反思自我。她同意所有提出的观点——这对经常制订计划的权威急躁型而言,是非常值得珍视的品德;而且,无论身处何处,她都能适应。谁也不想让她走,她成了我们家的一员。六年后她用平和冷静型惯用的冷幽默说:"我没走的原因是收拾行李太麻烦了。"

年轻的提姆当了高中班的班长，并率领一群人去州议会大厦抗议。他母亲是可爱乐观型，她对儿子不同寻常的敢做敢为感到很激动，于是召集朋友来看六点钟播放的提姆他们的新闻。当抗议队伍走过来时，却看不到提姆，摄影镜头转向了观众，失望的母亲终于看到儿子坐在路边，头埋在双手里。母亲很生气，当儿子回家时，她问他为什么不走在队伍的前面，儿子答道："我不想让自己丢人现眼。"

即使平和冷静型担任了领导，通常在大家看到他之前，他就放弃了领导职位。他不需要荣誉，也不想像傻子似的丢人现眼。

我曾请一名年轻男孩谈谈他的平和冷静型女朋友，"你最欣赏她的哪一点？"

他想了一分钟，回答说："我想是她的全部，因为她并没有哪一点太突出。"这句简单的话总结了平和冷静型的特点：没有哪一方面特别突出，但却多姿多彩，令人愉悦。他们低调行事，从不自以为是。一位平和冷静型男士说："我猜自己只是一位平凡的人。"另一位怀疑地叹口气说："人们这么喜欢我，让我感到很吃惊。"平和冷静型的谦和、温顺使周围的人如坐春风，大家都在追求良好的道德情操，因此，他们也对其他性格的人产生了潜移默化的作用。

*悠闲自在

平和冷静型喜欢从容不迫地生活，分阶段做事。他不会想得太远。小佛瑞德的一位朋友来我家，我问他想不想留下和我们一起共进晚餐。他回答说："让我想想，到时再说吧。"我帮他摆好位置，他就留下了。

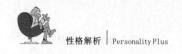

晚餐后我打开电视,问他:"你喜欢看什么节目?"

他说:"什么节目都行。"

后来,在电视播放广告时,他嘟哝说:"我其实想看职业棒球道奇(Dodger)队的比赛。"

我问:"那你为什么不说呢?"

"我怕你会不高兴。"平和冷静型从不惹麻烦,总是默默地接受现状,不要求改变。

小佛瑞德还有另一个平和冷静型朋友,他常常懒洋洋地一动不动。一天,他懒散地倒在我家的睡椅上,穿着撕得一缕缕的牛仔裤和裂了缝的 T 恤衫,长长的头发乱七八糟,还赤着双脚。

我评论说:"迈克,看来你对自己的仪表没花多少时间。"

另一张睡椅上的可爱乐观型男孩说:"迈克要保持低调。"这是对平和冷静型最贴切的描述。

* 沉着冷静

平和冷静型最令人敬佩的品德是他在风暴中心仍能保持镇定。当可爱乐观型在尖叫,权威急躁型在猛烈反击,完美忧郁型在消沉时,平和冷静型却能保持镇定。他先后退观望一下,然后静静地向着正确的方向前进。他们不会陷入感情不能自拔,也不会怒不可遏。他思忖:"不值得为这些事心烦意乱。"

我和兄弟们在平和冷静型母亲的照料下长大,当我们玩得无法无天时,我明白母亲肯定多次为我们着急。她会把我们关在小房间里,说:"我不管你们在里面干什么,只希望你们能保持安静。"

*耐心—情绪稳定

平和冷静型从不匆忙，有些事会使别人烦恼，但他却不受影响。权威急躁型的格拉迪斯给我讲了下面这个故事：

一天，在探望完亲戚后，我迫不及待地想回家。当我们快到高速公路时，唐(Don)平静地说："我们得停车加油。"我想我们的油应该够用，但他不想冒这个险，所以我们驰向一座自助加油站。我带小女儿去上卫生间，出来时想他应该加好油准备出发了。但我却看到他站在车旁，手里拿着钱。"你怎么没付钱呢？我得赶时间。"我喊道，唐解释说不知道该把钱付给谁。

我看到一个人有点像加油站的工作人员，就叫唐过去。不幸的是，这个人其实是身穿空军制服的一位顾客，他不能收钱。服务员来了，但因为没有零钱找补，他不收 20 美元的整钱。我们的零钱不够，我对服务员很生气。唐冷静地建议过马路去对面超市换零钱，我虽不想浪费时间，但别无选择。我想直接到收银处要求换零钱，但唐却说这不好，我们应该买点东西。

"我们不需要什么。"我反驳说。他不争辩，却走到牛奶箱旁仔细选了三种口味的酸奶，用那张 20 美元的钱买下。

我们走回加油站，他又耐心地等那服务员换一个轮胎。当他终于付掉钱后，他对那位男士表示感谢，然后才优雅地微笑着坐回我们的车内。在整个令人生厌的过程中，他没有显露一丝愤怒，也没有对我的不耐烦感到不快，在回家的路上，他还轻柔地哼着歌。

你有没有看出各种性格的人在对待不同情况时的差异？可爱

乐观型不会注意到汽油不够了,但即使他注意到了,他也会为换零钱而慌乱。权威急躁型会要求服务员找零钱,并发脾气。完美忧郁型可能会有零钱,但如果没有的话,他会自责缺乏计划,并在整个回家路上都郁郁寡欢。

然而,对平和冷静型而言,即使是受到挑衅,在很多情况下他仍能保持沉默和耐心。

*乐天知命

平和冷静型对生活没有很大的期望,因此,他更易接受生活的变化无常。他有种悲观心态,这种心态会使完美忧郁型沮丧,但却只是使他保持"现实"。

我奶奶是平和冷静型,以前她每天晚上都会说:"如果上帝允许的话,明早我会见到你。"那时我是一个莽撞的少女,于是我说"晚安"想让她高兴,但她却清楚地告诉我:"总有一天早上我会起不来的。"她说的是对的。

休的母亲也是平和冷静型,她问母亲今天怎么样。母亲会回答说:"不好不坏。"或"不像昨天那么糟。"尽管这种回答缺乏激情,但母亲没有不切实际的期望,因而也不会失望。

我上大学时,我问母亲为什么从不称赞我们三个孩子。她答道:"如果你从不说太绝对的话,你就永不会食言。"

平和冷静型从不期望每天都阳光灿烂,或每道彩虹末端都有一罐金子,所以当雨点落在平和冷静型的游行队伍中时,他能继续前进。这种乐天知命、安于现状的心态是多么值得我们学习啊!

*有管理能力

由于权威急躁型是典型的商务行政人员，所以我们有时会忽略平和冷静型，觉得他们只是能干、稳重的工人——其实他们与所有人都能友好相处，并有管理能力。

前总统杰拉尔德·福特是平和冷静型，对他的描述听起来就像是出自本书。

哥伦比亚广播公司(CBS)的鲍勃·皮尔庞特(Pierpoint)说："杰尔·福特正直、友善、富有同情心。虽然25年来，他没有新的进步思想，但他是一位真正的好人。"作家桃瑞丝·古德温(Doris Goodwin)也称他"令人愉快、谦逊、宽松、随和、情绪稳定、正常、正派、诚实、有条理"。真是全美国的"清廉先生"！

正是由于福特走中庸之道、不侵犯他人的个性，使他在历史的那一刻被选为总统。那时，人民需要的不是浮华大胆、过于冒险的人，而是单纯沉稳、值得信赖的人。福特因其平和冷静型的性格而当选总统，尽管那时选他的人可能并不了解性格理论。

在他竞选连任失败后，隔了很长时间，《华尔街日报》刊登了一篇题为《感谢无所作为》的文章。

据我们所知，密歇根州的领导们正犹豫是否筹资为前总统杰拉尔德·R·福特修建常规的纪念馆。一位众议员选区的老共和党主席说，原因之一是福特的任期是"被动的任期而不是主动的任期。在一个恢复创伤的时代，这是极其重要的。"

这位主席说得很对。在那几年里，宏大的国内规划、对外的不幸事件、10多年来的一连串政治事件和激烈的党派斗争都明显停

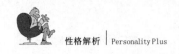

止了。这一切足以使杰拉尔德·福特有资格获建一座最大最好的纪念馆。

称赞您的无为而治,歌颂您的未曾参与,这是多么特别的荣誉啊!这也是平和冷静型的无上荣誉。一位评论员说:"认识福特不是谁,似乎比认识他是谁更重要。"

平和冷静型的管理能力是源于他希望与别人融洽相处,不惹是生非,不干涉他人的客观态度。大多数学校的管理监督人员都是平和冷静型,他们能妥善处理学生和教师的关系。军官通常也是平和冷静型,因为他们能执行命令,耐心等待晋升等级,在压力下泰然自若,不需要有创造力,也不会我行我素。

最近的一份统计显示,被解雇的人中,有80%的人是因为不能与人和睦相处,而不是因为他们不能胜任岗位。记住这一点,我们就能清楚地明白为什么平和冷静型能比其他性格类型的人更稳妥地胜任并保住自己的工作。

* 调解问题

在生活中总会有一些冲突:如父母与孩子、老师与学生、老板与员工、朋友与朋友之间的冲突等。当其他三种性格类型的人在紧张争斗时,平和冷静型却努力在各种阶层的人中维持和平。当人们在波浪起伏的海洋上奋斗时,平和冷静型却昂着头,努力使海面变得风平浪静。当其他人为自己的目标奋勇前进时,平和冷静型却坐在后面,并给出客观的意见。每个家庭和企业都需要至少一名平和冷静型来兼顾各方,并给出一个平和冷静的答案。

当我坐在一位平和冷静型的心理学家旁边时,他告诉我他的职业很理想。"其他性格的人难道能整天静静地坐着,倾听别人的问题,并给出毫无偏见的处方吗?"

沃伦·克里斯多佛是伊朗人质危机中的美国首席谈判代表,罗伯特·杰克逊在《洛杉矶时报》上写了一篇文章称赞他。文中使用了描述平和冷静型的典型词语:冷静、遵守纪律、嘴唇紧闭、一本正经的面容、有外交手腕、不出风头、低调、慎重、轻言细语、镇定自若。他是"在人质谈判中善于出牌的理想人选",他从不发怒,并能缓和紧张关系。

《圣经》要求我们:"无可指责,诚实无伪,在这弯曲悖谬的世代,做神无瑕无疵的儿女……"平和冷静型最接近这些要求。他们不惹是生非,能与人和睦相处,他们没有敌人。杰尔·福特达到了顶峰,不是因为有辉煌的计划,而是因为他在前进的路上从不树敌。一次他这样形容自己:"我有许多对手,但我记不起有任何敌人。"

《时代》杂志评论前任总统乔治·布什时说:"他没有狂热的追随者,但却有许多朋友;他几乎没有敌人,在公共服务中保持着没有缺点的记录。"

其他性格的人会努力工作来赢得朋友并影响他人,但平和冷静型却天生就有这种能力。在研修班的课后,常常会有权威急躁型找到我,询问为什么他在公司做了许多创造性工作,却不被提拔?而被"委以重任"的却是一个不引人注意、没有资历的"傀儡"。经过初步调查,我发现这些"傀儡"都是稳重的平和冷静型,他工作认真,与大家和睦相处,不惹是生非。权威急躁型虽然思想充满活力,却在前进的道路上招致了许多敌人。在选拔新领导时,管理层常常会选没有敌人的人。

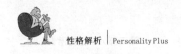

*容易相处

平和冷静型与人容易相处,因此他们有许多朋友,其他性格类型的人都需要他们这样的伙伴。在童年和青少年时期,平和冷静型很少给母亲惹麻烦,有他们在身边总是令人高兴。最近,芭芭拉·比尤乐(Beuler)给我看了她写给女儿的信的复印件。信中生动地表现了平和冷静型的优点,内容如下:

亲爱的莎拉(Shara),

当我回忆起我们一起走过的 18 年岁月时,我多么想感谢上帝赐给了我一个平和冷静型女儿。我们家有权威急躁型父亲、完美忧郁型母亲和可爱乐观型哥哥,而你在家中起到了重要的平衡作用。当你还个婴儿时,你就会在围栏里快乐地玩玩具。当我们家刚刚开始做生意时,你就把财务管理得清清楚楚。

你哥哥比你大两岁,他会开玩笑并策划一些恶作剧,你最著名的、直到今天我们还常常用它逗你的一句话,就是:"还有我"。

去年圣诞节,全家人都在大声喧哗,你也拼命地想插话。你镇定地用冷幽默,静静地说:"噢,我会跟录音机说的,你们以后可以听听。"这引起了我们的注意,我们笑得前俯后仰。

作为一位母亲,我很高兴自己对性格理论能有所了解。当学校老师告诉我:"莎拉总是迟到,但她很诚实"时,我能幽默地对待这事。

我记得当一位朋友信任地向你倾诉她想离家出走时,你耐心地劝慰她,使她平静下来,并试图了解她父母的看法。

你快快乐乐地接受了自我,你对自己的性格也很了解,你对我说:"能有几个平和冷静型的朋友真是太棒了! 他们基本上从不搬家,所以你总能打他们的电话。"

虽然你工作的企业业务增长缓慢,但你的经理却仍想雇用你,用她的话来说就是"莎拉是名优秀而稳重的员工,总是令顾客感到愉快。她与其他员工合作得很好,即使清洁设备要花去很多时间,她也会认认真真地去做"。

莎拉,我们已跟你一起愉快地生活了 18 年。我迫不及待地想看看你的未来。我深知,不管你决定做什么,你都会尽职尽责、知足常乐的。

爱你的,

妈妈

* 有很多朋友

平和冷静型是所有人最伟大的朋友,因为他拥有的资源就是良好的人际关系。他随和、悠闲、镇定、冷静、情绪稳定、耐心、坚韧、平和、不侵犯他人并令人愉快。你还能对一位朋友有更多其他的要求吗?平和冷静型总有时间给你。当你拜访一位权威急躁型女友时,如果她一边擦亮家具、重排桌椅或折叠衣物,一边跟你聊天的话,你会觉得她的时间实在是太宝贵了,不能单独用在你身上。而平和冷静型会放下手中的一切,坐下来,轻松愉快地和你交谈。

我有一位平和冷静型朋友,对她的孩子来说,她是一位伟大的母亲,但她并不把家务看得高于一切。如果我上午 10 点左右去她家,厨房的桌子上仍会摆着喝麦片的碗,打开的盒子和早餐的牛奶。我们会坐下来,把这些东西推到一边,腾出放胳膊肘的空间,享受着大家相聚的快乐。这些凌乱的东西既然不会影响她,也就不会

影响我。

*是个好听众

    平和冷静型有许多朋友的另一个原因是他们善于倾听。在人群中,平和冷静型喜欢听而不愿说。平和冷静型能保持安静,不说一句话,而其他性格的人却在需要的时候希望能向人滔滔不绝地倾诉。可爱乐观型尤其需要平和冷静型朋友,他们能让你尽情地谈,做一位与你有共鸣的听众。在我任圣伯纳迪诺县妇女俱乐部会长时,我有位尽善尽美的平和冷静型朋友叫露西,她住在我隔壁。每星期三开完会后,我都会到她家,告诉她俱乐部发生的所有令人烦恼或令人高兴的事。她微笑着倾听,表示同情或点头,当我讲完了,她会感谢我的到来,然后我再离去。

    所有可爱乐观型都需要友好而宁静的平和冷静型朋友!

第三部分

性格计划

克服我们个人弱点的方法

介 绍

*物极必反

我们每个人都有好的一面和坏的一面——我们有积极的优点，也有会对别人产生负面影响的缺点。同一种个性，在不同的程度上，会产生促进或阻碍作用，而许多优点如果走向极端就会变成缺点。

可爱乐观型最显著的能力就是无论在什么样的情形下，他们都可以展开多姿多彩的谈话，这是令人羡慕的优点；但如果走向极端的话，可爱乐观型就会说个不停、垄断话题、打断别人、

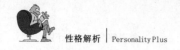

并夸大其词。

完美忧郁型善于分析思考,这是天赋的品德,由此他们也赢得了头脑简单者的尊重;但如果走向极端的话,他们就会变得闷闷不乐、垂头丧气。

权威急躁型生来就有迅捷敏锐的领导能力,这在当今生活的每个阶段都是必不可少的;但如果走向极端的话,他们会变得独断专横、想操纵一切。

平和冷静型性格随和,和蔼可亲,这使他们普遍受人们欢迎;但如果走向极端的话,他们做任何事都会漫不经心、漠不关心和优柔寡断。

当我们用审视的眼光来看这四种性格时,我们要注意自己的哪些优点会对别人产生积极影响,提升形象,我们就要发扬这些优点。另外,我们还要特别注意哪些过分的行为会惹人生厌,并下决心用精神力量去克服这些缺点。

还记得我们在莎士比亚著作中读过的那些伟大英雄哈姆雷特、麦克佩斯、李尔王和亨利等系列人物吗?他们都是功勋卓著的伟人,但他们每人都有一项导致其衰败的"悲剧性缺陷"。

我们每个人的血管里都流着英勇的血,如果我们能找到优势,睿智地运用它们,那将是多么令人激动的事啊!但就像那些逝去的英雄一样,我们每个人也都有一些"悲剧性缺陷",如果我们忽视这些缺陷,就可能会导致失败。让我们理智地审视自己,及早发现缺陷吧。

第八章

让我们塑造可爱乐观型

可爱乐观型最愿意改变自己,因为他们喜欢新观点和新项目,还因为他们真诚希望自己能受人欢迎,不冒犯别人。但是,有两大缺点却阻碍了可爱乐观型的进步。

*虎头蛇尾

首先,如果他们有一个好计划的话,他们很少能善始善终地完成这个计划。有时,我给可爱乐观型讲解要怎样才能克服他们的缺点,我问道:"你打算什么时候开始行动呢?"通常他们会

回答说:"我今天不能开始,明天我要出城——周末要为公司的事做准备。"他们就这样失去了斗志。

*无错之人

其次,他们相当喜欢开玩笑,富有魅力。他们绝不会相信自己有任何缺点,也不会认真分析自己。

一次在研修班上,我谈起可爱乐观型的缺点,他们也嘲笑这些缺点,但却并不认为这些缺点需要改进。我很理解他们,因为我也是这么认为的。结婚前,我备受敬仰,是晚会的灵魂,但一夜之间我似乎变蠢了。佛瑞德让我明白了在黑弗里尔(Haverhill)时,也许我是可爱的,但在纽约我就不再是有趣的人了。我从不认为他是对的,我觉得他枯燥乏味,缺乏欣赏别人的眼光。所以当我和他在一起时,我尽量按他的要求扮演角色;而和其他人在一起时,我就展现我的魅力。学习性格理论之后,我开阔了眼界,开始明白并非只有佛瑞德一人持这种观点。

当我意识到佛瑞德也没有看清我所有的缺点时,我对自己和其他可爱乐观型也提出一些建议。

* 问题:可爱乐观型说得太多

方案 1:把谈话削减一半

由于可爱乐观型没有数字概念,所以建议他们把谈话削减其中 22% 可能是无用的,但他们对任何事情的一半却是能理解的。对他们最好的建议就是把谈话削减一半,最简单的控制方法就是删除那些急着想讲的下一个故事。也许他们会为公众没听到的内容感到遗憾，但公众并不知道自己没听过的东西，这样也很好。尽管他们的下一个故事可能会很有趣，但与其让他们独霸谈话，令人窒息，不如让听众只欣赏那些已说过的内容。

*你能超越吗？

我和佛瑞德由于他 97 岁的祖母去世而参加了家庭聚会。第一天的相聚就像一个"你能超越吗"的电视节目，每位亲戚都大谈自己光荣的职业生涯，直到下一个人把他的声音盖过。当晚在我们的房间里，佛瑞德想出一个后来证明是相当可怕的主意："我们为什么不保持沉默呢？看看要等多久别人才会问我们问题，或主动与我们谈话呢？"其实从一开始，我就不喜欢这个计划，但我觉得自己也许可以忍耐几小时。

第二天早餐后，我们压抑的一天开始了，持续到午餐、整个下午，又延续到晚餐和晚上。回到房间时，我的眼睛因为压力太大而胀鼓鼓的，我觉得自己简直要爆炸了。"太荒唐了！"我叫道，"我再也不能多忍一分钟啦！"

佛瑞德微笑着说："我倒是享受了每一分钟，明天我们再试试吧。"

"这么压抑地再过一天？我的神经都要崩溃了！"

我们的确又这样压抑地过了另一天，我的神经并没有崩溃。这天结束了——但我依然活着。

第四天早上，在我们去赶飞机前，佛瑞德的母亲问："佛瑞德，这几天你一直沉默不语，有什么不舒服吗？"他向母亲保证自己一切都好，母亲拍着他说："宝贝，你真可爱！"

最让人委屈的是他母亲和其他人都没注意到我整整两天什么

话都没说。我在这里创下了终生记录,却没得到任何奖励! 但我吸取了一个痛苦的教训:如果我不开口的话,生活还会继续——甚至还会更快乐一些。因此,我以后说话,只说现在的一半就行了,这对别人来说似乎也是一种解脱。

为什么可爱乐观型不试试在别人注意你之前,你能保持沉默呢?

方案 2:注意厌倦的迹象

对其他三种性格类型的人来说,不需要告诉他们什么是"厌倦的迹象",但对可爱乐观型来说,由于他们从不考虑自己可能会使别人厌倦,所以要清楚地告知他们当别人试图离开时,就表明他们已对你的故事失去了兴趣;当你的观众踮起脚尖,拼命在人群中左顾右盼,希望引人注目时,这表明他们想走了;当他们突然离开去洗手间,并且一去不复返时,你就应该提醒自己了。一旦你想到观众可能会厌倦,就不难看出这些迹象。

方案 3:精简你的意见

"说话要开门见山",这是 40 年来佛瑞德反复对我说的话,也许是因为我说话太转弯抹角了吧。我一直坚持"讲述也占了一半乐趣"的理念,因此我发言很少有简短的。我倾向于给戏剧性事件穿上华丽考究的外衣,如果让我开门见山地讲一件事,我会觉得就像被剥掉衣服,直接露出光秃秃的骨头似的,非常尴尬。

后来我明白了能说会道是种天赋资产,但走向极端的话也会变成负债。我明白了不是所有的人都有时间和兴趣来忍耐可爱乐观型的独角戏的。虽然我觉得完整的历史背景有助于听众理解当前的评论,但我发现即使少说一个细节(甚至是十来个细节),也没人会觉得有什么不妥。

一天,我产生了一个很刺激的想法,我给自己定了一条协定:当我正讲着一个引人入胜的故事而被打断,如果没人要求我继续讲下去,我将不再主动接着讲下去。我的第一次试验开始于和一群人去购物的途中。我津津有味地讲着故事,讲到女主人公正站在悬崖边上的关键时刻,这时司机要求大家查查地图,以免她把方向搞错。我屏住呼吸,等着有人问:"后来怎么样呢?"但没人问。我坐在座位边上,随时准备开口说话,但没人看出我的心思。难道他们真不关心哈里特的命运吗?我想去摇摇他们,并说:"还记得哈里特吗?她正吊在悬崖上呢。你们不想听完这故事吗?"突然,我想起了自己的协定:没人问就别讲了。果然没人问我。

这次试验的答案简直令我难以置信。人们有时会厌烦冗长而夸张的故事,他们并不关心故事的结局——即使这个故事是我讲的。

我朋友南希是可爱乐观型,她也进行了相同的试验,结果和我的是一样的。我俩达成默契,不论谁碰到这种尴尬情形,另一个人就要急切地说:"快讲,快讲!我太想知道下面的故事啦!"啊,我真爱南希呀!

方案 4:停止夸大其词

当我开始公开演讲时,我丈夫说:"现在你是一名基督教演讲人了,难道你不认为应该停止说谎吗?"我觉得自己没说过谎,就问他是什么意思。原来当我讲的不是精确事实时,完美忧郁型的他就觉得这是在说谎,而我觉得这只不过是为了使演讲更生动有趣而已,所以我们决定将这称为"夸大其词"。后来我听到女儿劳伦跟一位年轻朋友说:"我母亲的话,你只能信一半。"

一天,我去参观可爱乐观型帕蒂(Patti)的新家。我进门后,她迎出来说:"这条街上所有的狗和猫都因兽疥癣病而奄奄一息了。"作为一名可爱乐观型,我脑海里立刻闪现出许多奄奄一息的狗和猫,在排水沟边苟延残喘。当我正为这想象的惨状而心神不安时,我注意到她那完美忧郁型女儿却在无奈地摇头。

我问她:"怎么啦?" 她回答说:"不过是隔壁女士有只病猫而已。"

没谁会为一位素不相识妇女的病猫而激动,但我却真是第一次听到"街上所有的狗和猫都因兽疥癣病而奄奄一息了"!

我和佛瑞德曾参加过一个晚会,一位叫邦妮的可爱乐观型女孩吸引了大家,她绘声绘色地讲述着一条船从洛杉矶到卡特琳纳岛(Catalina Island)的航程,描述了船上的娱乐活动,背诵了菜单,并指出谁晕船了。大家专心听她讲了20分钟。当她兴高采烈地讲完乘船去卡特琳纳岛的故事后,她的完美忧郁型丈夫深吸一口气,快速而坚定地说:"我们是坐飞机去的。"

我们都目瞪口呆地怔住了,邦妮想了一会,说道:"是的,我们是坐飞机去的。"

只有可爱乐观型能花20分钟讲述她从未登过的船上发生的、她从未经历过的旅行。

虽然可爱乐观型讲的故事生动有趣,一些事件也让人记忆犹新,但邦妮实在是太离谱了,她已在撒谎了。今天早上,一位朋友又告诉我一件类似的事,并总结说:"她当然是可爱乐观型,所以你不要相信她的话。"这难道不是一种耻辱吗?人们不相信可爱乐观型会讲真话,这岂不是太糟了?仔细想想吧,再检查一下你自己。

*记　住

言过其实走向极端就成了谎言。

*问题:可爱乐观型以自我为中心

方案 1:要关注别人的兴趣

可爱乐观型对别人不太关注,他们只看到自己。他们对自己的故事津津乐道,却忽视别人的感受,所以他们谈的别人不一定感兴趣。他们天生就怕惹麻烦,也怕身处逆境,所以很少关注别人的需求。可爱乐观型宁愿说而不愿听,所以他们当不好顾问;他们能很快给出一个简单、却不一定恰当的答案。

学习关注别人是从听和看开始的。我曾训练自己走入人群,静静聆听,弄清别人谈话的要点,而不要张嘴就讲自己最近的故事。我多次庆幸自己在开口前的犹豫和等待,从而避免了说错话。我努力把人们看作是一个个个体,而不仅仅是听众群体。

当我开始关注别人时, 我发现自己曾有过许多伤害别人的行为,这些行为以前都被我忽视了。可爱乐观型总是在回避那些孤独的妇女;有多少颗破碎的心需要修补;又有多少负担沉重的人需要可爱乐观型的温馨抚慰啊!

从现在起,可爱乐观型要学会倾听和观察别人,把别人看作是独一无二的,这样,你才会关注别人的需求。

方案 2:学会倾听

可爱乐观型不愿意倾听别人的诉说, 这不是因为他们的基因有问题,而是因为他们只关心自己。善于聆听他人是一项高尚的品

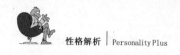

德,但可爱乐观型却不愿强迫自己多关心一下别人。他们觉得生活是一个舞台,他们在台上表演,其他人在台下当观众。当可爱乐观型试图把别人的目光都聚集在自己身上时,他们中表现出色的可能侥幸不会给人留下"逢场作戏"的印象,但大多数可爱乐观型给人的印象却是太自高自大了。

*记 住

要关注他人的需求,倾听他人的诉说。

*问题:可爱乐观型的记忆力有待开发

方案 1:要注意名字

我在前面谈过可爱乐观型不注意记名字的原因,是因为他们不愿听,不愿费神。这些问题都源于他们以自我为中心、不关注别人的天性。和他们相处,可能会很有趣,但他们也可能几分钟后就忘了你是谁,让你领略他们的漫不经心。

戴尔·卡耐基(Dale Carnegie)说过:"世上最甜美的声音是别人叫出你的名字。"在他的《交友之道》一书中,举了很多例子,来说明人们的成功与如何专心记住别人的名字很有关系。

可爱乐观型并不比其他性格的人笨,如果他们认识到事情的重要性,他们也能记住别人的名字。权威急躁型深知正确称呼别人的名字很关键,完美忧郁型非常留意细节,平和冷静型喜欢观察和倾听,但可爱乐观型在这些方面都有所欠缺。他们不认为有什么事值得努力去做;他们不注重细节;他们宁愿说而不愿听。这样的人还有希望吗?

在婚后的生活中，我发现询问佛瑞德别人的名字比让我自己记住要容易得多，当我开始研究性格时，我意识到处处依赖佛瑞德，是不能自立的表现。我自问："难道你蠢笨得要雇一个大脑吗？你自己不能学会吗？"这个问题使我意识到我从来没有认真地记过名字，我决定发展一项新爱好，把记名字当成一场游戏。首先，我开始听别人的名字，这是任何人都能做到的简单步骤，如做不到这一步，那就无可救药了。我们很难记住自己从未听过的东西。当别人说话时，我强迫自己要全神贯注，我明白大家都有一个名字，都希望别人能正确称呼自己的名字。

当别人称我莉托，而不是莉特乌、莉投、莉塔瓦、莉腾豪丝或拉托时，我是多么吃惊和印象深刻啊！如果我能正确地称呼别人，他们也会很高兴和我在一起的。对可爱乐观型而言，最大的动力就是：别人会更喜欢我。这难道不是我们真正想要的吗？受欢迎的关键在于知道别人是谁。

其次，我开始关心别人。当他们介绍自己的名字时，我看着他们，询问他们的生活情况，直到了解他们。当我学会把注意力放在别人身上时，才发现别人是多么有趣啊！

方案 2：把事情写下来

可爱乐观型对颜色和琐事有着超凡的记忆力，但对姓名、日期和地点却总是记不住。当我们意识到可爱乐观型感兴趣的是人而不是统计表、是多彩的小说而不是冷酷的事实时，我们就能更容易地理解记忆力的分配问题。完美忧郁型喜欢细节，能记住生活的要事。若要发扬两者的优点，我们就可以把这两种性格的人放在一起，完美忧郁型能正确完成工作，可爱乐观型能使生活充满乐趣。

佛瑞德对人名有着不可思议的记忆力，这得益于他能把每个人的名字都写在小卡片上,并记下相关的事件。当我们住在康涅狄格州时,有一位可爱乐观型牧师唐,他记不住一个又一个教区居民的名字。星期六早上,佛瑞德和他一起站在门边,每当有牧师不熟悉的人过来时,佛瑞德就会立即小声告诉牧师这个人的背景。

"穿粉红裙子的这位女士是沃达·沃瑞(Walda Worry),她有六个孩子,她丈夫因背部有病而住院了。"

"沃达,亲爱的,你穿粉红色看起来真美丽!那些可爱的孩子怎么样?你可怜的丈夫背痛好点了吗?"

根据佛瑞德提供的素材,唐亲切地问候着人们。

当我们离开康涅狄格州后,牧师唐的记忆力立即衰退了,人们奇怪他以前能深切关怀别人,现在为何却连别人的名字都记不住了。一天,他问一位女士她丈夫好不好,而实际上,他两天前刚刚主持了那可怜男人的葬礼。

我们有一位可爱乐观型朋友汤米,颇具讽刺意味的是,他教授记忆课。他在讲述有关原理时头头是道,学生们也学到不少知识,但在日常生活中这却帮不了他。一天,我顺访他,发现他正疯狂地在车库里找东西。他晚上上课需要两箱关于记忆力的书籍,但却找不到了,他怎么也想不起把箱子放在哪里了。

鉴于可爱乐观型的记忆力实在太差,他们应该列出清单,记下自己要做的事,并把这些清单保存在不会丢的地方。他们应记下别人的名字,在参加与这些人的聚会前,先温习一下。另外,在打商务电话前,要确保对方的资料就在手边。即便一个聪明人,在搜寻他应该知道的材料时,看上去也很愚蠢。

方案3:别忘了孩子

我遇到过许多可爱乐观型妇女,她们做母亲时,在某个时候,至少丢失过一到两个孩子。一位母亲驱车一小时到了沙漠,她兴高采烈地与可爱乐观型朋友聊天,后来才发现她四岁的孩子没有在后面的座位上。她驾车回到出发时的加油站,发现她的小儿子正在帮一位服务员用泵抽汽油。服务员感谢她能回来,因为他正打算下班回家,却不知该如何安置这位小助手。

一位妇女告诉我,她曾忘记把读三年级的孩子接回家,直到一家人坐下吃晚饭,孩子的座位空着时,才想起这事。

在我们的一个研修班上,可爱乐观型小组的主席报告说:"我们做了一个调查,本周我们组共丢了 437 件东西,其中包括七个孩子和一位奶奶,他们悲惨地被遗忘在百货大楼里。

我和可爱乐观型朋友卡罗尔各有一个完美忧郁型儿子,当孩子们上低年级时,我俩合伙使用汽车。我俩都常常迟到,我们可以相互谅解对方,但孩子们总是很沮丧。一天,我去接小詹姆士,他哀伤地出来,端着一碗麦片。

"我妈妈又在讲电话,我不得不自己照顾自己。"

轮到卡罗尔接小佛瑞德回家时,小佛瑞德到家后总会讲卡罗尔差点忘了他,或她差点撞上一辆卡车尾巴的事情。我和卡罗尔最近在达拉斯重逢时,忆起那段合伙用车的健忘岁月,我们不禁开怀大笑。我们觉得母亲的健忘对孩子们是有好处的,因为这教会了他们灵活适应生活。

可爱乐观型充满创造力,能把他们明显的劣势转化为优势。

*记　住

即使你可以自圆其说地解释自己的坏记性,但没人会愿意听。

要用心记别人的名字,把事情写下来,特别留意你放车和孩子

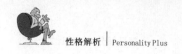

的地方。

*问题:可爱乐观型变幻无常,容易忘记朋友

方案1:阅读《开启友谊之门》

可爱乐观型的生活总是激情洋溢,他们有许多朋友,但通常不是"好朋友"。他们快乐地围绕在你身边,但当你碰到麻烦或需要帮助时,他们却无影无踪了。他们可称之为"风和日丽时的朋友(酒肉朋友)"。我还有一位可爱乐观型的"雨天朋友",她只有在下倾盆大雨、打不了高尔夫球时,才会打电话给我。

可爱乐观型拥有的往往是"粉丝"或"追随者",而不是真正的朋友。他们网罗那些敬佩他们、喜爱他们和(有希望)崇拜他们的人。他们喜欢那些愿意付出的人,而当有人需要帮助时他们却会背过脸去。他们热衷于那些刺激而吸引人的事,根本无暇顾及别人的麻烦。

在读了艾伦·洛尹·麦金尼斯(Alan L. McGinnis)写的《开启友谊之门》后,我第一次意识到自己虽然有许多熟人,但并没有多少朋友。麦金尼斯博士让我挑战自我,检查一下在生活中与多少人保持了长久的关系,我发现由于跟朋友相聚不太容易,我的许多亲密朋友都已离我而去。

1980年,我邀请全美国40名妇女参加在加利福尼亚州雷德兰兹(Redlands)召开的发言人培训班。结果来了36人,在一星期的培训中我们成了朋友。我们相互交心,不愿意分离。为使友谊长存,我给她们写信,回复她们给我的函件,并要求她们彼此间保持联系。我还在家里为周围的妇女们开设了"星期三早晨聚会"。我们都认为如果不约束大家每星期聚会一次的话,我们就会慢慢疏远。

方案 2：把别人的需求放在首位

可爱乐观型很少去关心别人或去看望病人，他们不愿努力去做别人真正的朋友。在我任圣伯纳迪诺县妇女俱乐部会长时，我必须到医院看望生病的会员。这与我的天性格格不入，因此我觉得这太难做到了，总想找借口推脱。一次，我去看望一位会员的丈夫，却发现他前一天就去世了。我不断告诫自己别人的需求是重要的，并要求自己努力实践。我多次强迫自己去某些地方，在上苍的保佑下，积累了许多经验。

*记　住

可爱乐观型不容易成为"好朋友"，但所有的努力都是值得的。

不要仅满足于当观众；要成为别人的朋友。

*问题：可爱乐观型打断别人的谈话，
并为别人回答问题

方案：不要认为你能弥补所有的缺陷

我过去觉得自己是上帝派来的"弥补生活缺陷官"。我总是有话要说，不能保持沉默。当别人稍微喘口气时，我就会插入故事。我不觉得自己打断了别人，相反，我觉得自己把观众们从枯燥乏味中拯救了出来。我起的作用就像那个荷兰小男孩一样，把手指插进大堤，使全城免于被水冲毁。我把谈话也看成是一座大型防护墙，不能出现漏洞，一旦出现一个，我就会冲上去弥补缺陷，唯恐听众被乏味所吞没。

佛瑞德却看出热衷弥补缺陷的弗洛伦斯热情过分了，他试图告诉我:沉默是金,偶尔出现一段冷场,也没什么大不了的。我一直对他的话不以为然,直到我了解了自己的性格,并意识到可爱乐观型确实有填补谈话漏洞的强迫性冲动后,我才领悟他的话。于是我咬住舌头,双唇紧闭,并注意到佛瑞德开始讲话了。大家的注意力从我这转到了他身上,我发现他的话真是充满智慧。

美丽的可爱乐观型姑娘莎伦告诉我:有一次她生病,不能参加教堂的圣诞晚会。后来朋友告诉她她丈夫在晚会上充满活力,大家以前都没发觉他如此有个性。莎伦仔细想了想,意识到自己从没给过丈夫展示的机会。此后,她会留一些空间让丈夫去发挥,并且欣喜地看到他表现得很出色。

*不冷静的菲尔

一天,我打开电视,看到正播放"菲尔·唐纳修(Phil Donahue)谈话秀"。菲尔正采访经济学家亚当·史密斯。我惊喜地发现他俩都是性格研究的典型案例:菲尔,是外向的可爱乐观型和权威急躁型,想把所有注意力都放在自己身上;亚当,是深沉(有天才思想)的完美忧郁型和(很低调、睿智)的平和冷静型,回答问题有条不紊。

菲尔的评论表明他缺乏性格理论知识,同时也提出了他的假设:由于亚当的性格不像他那么活泼,所以亚当有一些呆板。

菲尔:看来你对这个话题不太感兴趣。

亚当:我很感兴趣,我只是没有你那么有活力而已。

菲尔:我敢说你觉得很无聊。

亚当:我没觉得无聊,我生来就是这副面孔。

当观众向亚当提问时,菲尔抢着回答。当对一个问题做出完整解答后,菲尔转向亚当,问道:"你就是这么想的,是不是,亚当?"亚当回答说:"为什么要问我?"

是没必要问亚当,因为菲尔得意洋洋,觉得他帮亚当说出了想说的话。可爱乐观型总觉得他的口才很好,能代别人回答问题。

在家里,我和玛丽塔总是抢着回答别人的问题。一次晚餐时,佛瑞德问小佛瑞德在学校里的情况。玛丽塔立刻说:"他坐在校长办公室外面,一定是做了错事。"

她并没有走进学校,她只是驱车经过,并看到小佛瑞德坐在办公室门前而已。小佛瑞德对她的报告很不高兴。于是佛瑞德爸爸制定了一项我和玛丽塔都极不喜欢的规定:只有被问问题的人才准回答问题。

这一规定使我们的谈话放慢了,有时,当家里某个成员静静思考,要做简要陈述时,甚至会出现冷场。

当你逐渐熟悉性格理论后,你会注意到可爱乐观型是多么急于为别人回答问题,而他们甚至并没有意识到自己在做什么。

*记　住

打断别人、为别人回答问题是粗鲁和不顾及别人的表现,不久就会令人讨厌。

*问题:可爱乐观型无条理、不成熟

方案 1:安排好你的生活

虽然可爱乐观型常被选为"最可能成功的人",但他们往往并不成功。他们有思想、有个性、有创造力,但他们很少能在某一时间里把这些优势组合起来, 发挥作用。如果他们碰巧在某方面速成了,他们就会得意洋洋。如果某事需要花费几年的计划和工作,他们就会退缩并转移到另一个方向。许多可爱乐观型每隔几年就要换工作,甚至转行。只要在某一领域很难摘取王冠,他们就会选择跳槽。

一次,我参加由一位英俊牧师主持的婚礼。他在婚礼前出场,戴上麦克风,宣布播放开幕序曲。突然,他脸上出现了惊慌的神色;他取下麦克风,来回在教堂的两个讲道坛间跑来跑去,在纸中翻找着什么。原来他找不到那本写着新婚夫妇姓名的书,不知道他们是谁了。《婚礼进行曲》奏响了,他跑回自己的位置,戴上麦克风,对着观众灿烂地微笑。他的主持服务很有魅力和个性,但不提及新婚夫妇名字的宣誓总是有些怪怪的。突然,他想出一个好主意。他停下来,要求新婚夫妇下跪默祷一分钟,又引导所有参加婚礼的人低下头,闭上眼,陷入沉思中。当大家都按他的要求做时,他迅速取下麦克风,拉开侧门,跑着穿过天井,溜进了他的办公室。很快,他又出现了,拿着一本书,蹑手蹑脚地回到位置上,夹上麦克风,深吸一口气,说道:"阿门"。然后他打开书,正确进行其余的仪式。(默祷时大部分人都低着头,但我却忍不住偷窥了一下,而佛瑞德居然记录下这一过程的时间是 47 秒。)

可爱乐观型的故事总是很滑稽, 这些故事说明可爱乐观型虽有好的意愿,但很少能发挥自己的潜力。他们总有其他事要做,不想从今天就开始工作。在他们心目中,娱乐高于工作。

从我做咨询工作的经验来看, 可爱乐观型大都赞同他们应该开始认真考虑工作,并且做事要有计划。他们也承认自己没有达到生活中设定的目标,也希望改进。我花时间指导他们应该做什么,并要求他们付诸实施。他们的意愿是好的,但当事情出现时,他们总不能圆满地完成它。当他们记起应该做一些改变时,又丢失了计划,而这个计划可能也不起作用了。

这听起来像不像你们中的某个人？在所有人中,可爱乐观型是最具潜力的。可爱乐观型可能达到任一领域的顶峰,但他必须从今天开始就安排好自己的生活。如果等到明天的话,又会有其他的事出现了。

方案 2:要长大

你这年轻人!

你这头脑简单、薄情的可爱乐观型男孩。

莎士比亚了解性格理论,所以在写可爱乐观型时,还提到他们最大的一项弱点——永远不想长大。可爱乐观型希望像彼得·潘(Peter Pan)一样飞到虚无岛上去生活,不想面对严酷的现实。

如果合伙人或伴侣中的一方或双方都拒绝长大,那么生意也罢、婚姻也罢,都不可能顺利进行下去。成熟并不在于年龄,而在于我们愿意面对自己的责任,并制订可行计划来承担责任。

大卫大声呼喊:"啊,但愿我像鸽子一样有翅膀! 让我飞去……"但他并没有逃离烦恼。于是他直面困难,在困难时祈求上帝帮助,并克服了那些看似不能克服的困难。

*记　住

可爱乐观型需要一名救星,

没有牧师的帮助,他怎能学会:

管住自己的舌头，

控制自我，

凡事不只想着自己，

开发自己的记忆力。

(圣灵会赐予记忆力。)

关心别人，

先人后己，

考虑一切情况的后果。

第九章

让完美忧郁型振奋起来

完美忧郁型的人是很有个性的研究对象,他们的情绪可以升到最高峰,也可以降到最低谷。他们喜欢研究性格, 这使他们了解了一些分析方法, 他们在不断追寻反省的过程中可以使用这些方法。 但是,他们又拒绝性格理论,因为他们害怕这些理论太简单、太容易懂、不够深、不够有意义。他们拒绝被放入一个有标签的盒子里,因为他们觉得自己不像其他性格类型的人。他们是与众不同的合成体, 甚至自己都不了解自己,也肯定不能归入一个普通的群体中。

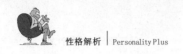

*独一无二？

在真正的完美忧郁型身上,最令人惊异的是:他坚信在生活中没人与他相似。他总能证明自己是正确的,世界是错误的。他觉得如果人人都像他的话,他就会更快乐。

在我们举办的研修班上, 我们发现最大的收益就是告诉了完美忧郁型他们并没有什么特别的。别人也跟他们一样思考、观察和行动。当我们把听众按照性格概况的得分来分组时,完美忧郁型总是极不情愿去排队。他们不想玩"游戏",仿佛上天禁止他们休闲和娱乐似的!当他们终于聚在一起时,又仿佛揭开了面纱一样。他们都把椅子整齐地摆在桌旁;穿着注重细节;手中都握着钢笔;相互充满猜疑。

灯光亮了,他们向四周看了看,开始分析其他组员,并看出大家都很类似。他们静静地相互审视着,发现个性研究其实是很有效的。有时,因为意识到大家明显的一致性,他们脸上会浮现出会心的一笑。

一位男士告诉我, 参加研修班领悟的真谛成了他婚姻的转折点。在他可爱乐观型妻子的坚持下,他来参加我们的研修班。以前他妻子曾两次离开他,现在又打算这么做了。在他看来,他们之间的所有问题都是妻子造成的。她生活得很轻松;她收买所有孩子,使他们站在了她的一边;在28年的婚姻中,她把家务管得一塌糊涂。他孤独地住在房子里,虽然有八个孩子,但他却在身体上、精神上和情感上封闭自己——并让妻子独自去应付一切。

这天,他在菲尼克斯市加入了完美忧郁型这一组。来之前,他并没觉得能学到什么东西;坐下时他很震惊,因为看到周围坐着的仿佛都是自己的"克隆人"。

"在那一瞬间",他说,"我看到了妻子这些年来在与一个什么样的人相处。我在其他人脸上看到了自己的形象,故作深沉、不苟言笑,态度傲慢、缺乏幽默感。那晚我回到家里就向妻子道歉,为这28年来我一直像板着铁石面孔的法官而向她道歉。她哭着说:'我真没想到你能醒悟别人是怎么看你的。感谢上帝!'"

"我破天荒地用温暖宽厚的双臂抱住了妻子,我知道我们的婚姻有救了。"

如果我们能认真审视自己的基本气质特性,并从上述这对夫妇的经历中吸取教训,那我们的收益该多大呀!

*问题:完美忧郁型容易抑郁

方案1:认识到没人喜欢阴沉的人

在科尔曼的卡通片"男人和女人"中,一对夫妇面对面地看着对方。丈夫看起来很阴沉,于是妻子说:"如果你这是快乐的表现,那么你悲伤时又是什么样子呢?"你很难分辨出完美忧郁型是快乐还是悲伤,因为他们不想太过激动,只要情绪不是很低落,他们的大部分生活是很严肃的。当完美忧郁型被大声喧嚷、喜欢操纵的权威急躁型冒犯时,他们可能并未意识到他们的情绪也会影响别人。如果人们了解什么事会令他们情绪低落,就会小心翼翼地避免触发他们的沮丧之情。与他们保持关系如履薄冰,人们会尽可能地避开他们。

只有完美忧郁型意识到他们太情绪化了,才可能改善自己。正如可爱乐观型要强迫自己有条理一样,完美忧郁型也要强迫自己高兴起来。我曾向我儿子解释这个道理,他回应道:"但我就是觉得

不高兴。"

"你不用觉得高兴,只要表现出高兴就行了。我宁愿要假冒的'高兴',也不要真实的'消沉'。"

要知道没人喜欢阴沉的人。即使世上有无数个理由令你想上吊,也没人愿意听。随着年龄增长,完美忧郁型会变得越来越伤感。他们觉得没人爱他们了,还想办法证明他们是正确的。一位完美忧郁型小寡妇孤独地坐着,一位美丽的女士从教堂那边走过来,问道:"你今天好吗?"

小寡妇总把生活看得很严酷。她喋喋不休地大谈起她的麻烦事,不肯漏掉一个沉闷的细节。结束语是——"没人来看过我。"

美丽的来访者走回了阳光下,她决定再也不去看小寡妇了。她的名字被加入了那些再也不会来往的人名单中。完美忧郁型小寡妇进一步陷入了自己的消极思想中。如果完美忧郁型意识到没人喜欢阴沉的人,他们就会养成更加乐观的生活态度。

方案 2:不要自找麻烦

完美忧郁型总想亲自做每一件事,他们常常自找麻烦。一位女孩告诉我:"我丈夫总是很消极,如果我们看了一部糟糕的电影,他就会让我觉得这电影好像是我创作的。"

可爱乐观型与权威急躁型想到什么说什么,口无遮拦,不考虑后果,因此他们和完美忧郁型很难相处。完美忧郁型对每一个句子都要反复斟酌,而且他认为别人也应该这样,所以,他从每一句随意的评论中都想看出暗藏的深意。

当完美忧郁型开始了解世上有不同的性格类型后,就会如释重负。你可能会第一次认识到,可爱乐观型与权威急躁型并不是针对你而来的,他们没有给你什么理念,但他们的确也没有事先就定好计划。当你学会通过他们的性格特征(而不是你的特征)来评估他们后,你就会对别人有一种全新的看法。你会对每个擦肩而过的人微笑,不会再自找麻烦。

完美忧郁型常感到被人遗忘,他们想不明白为什么别人不邀请他们参加社交活动;接近他们的人会厌烦他们的消极反应。一天,我们邀请一位完美忧郁型女士参加在我们家举办的晚会。但她没有表现出一丝热情,她答道:"唉,反正我那天得整天在外,做不成什么事,所以干脆把整个晚上也'报销'算了。"

有时完美忧郁型还会把积极的氛围变得消极。上次我去找我的理发师,才坐下,他就唉声叹气地说:"你女儿又给我找麻烦了。"我想可能是玛丽塔赴约迟到了,于是就问:"她做错了什么吗?"他答道:"她老给我带些新顾客,这个月起码给我带了10位新顾客,更糟的是,他们都喜欢我,还成了回头客!"

一位朋友给我看了一张放在她奶奶梳妆台上的字条:

简两年没给我寄圣诞卡

休没跟我吻别

伊夫林进她的院子时没跟别人打招呼

卢瑟(Ruth)今天没应我的要求驾车带我游逛

哈泽尔(Hazel)没来看爷爷,还说这不是她的责任

谁也不知道奶奶为啥要留着这张条子,但她记下了这一切,所以她永远也不会忘记了。

为了测试完美忧郁型只记得负面事情的理论,我曾问过跟我一起工作的一群音乐家能否忆起当他们在低年级时,老师对他们做过的事。他们很快举起了手,而且讲的都是受虐待的有关细节,

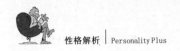

我们不得不听了 30 分钟。

一人讲的是幼儿园老师不让他边喝牛奶边吃全麦饼干；另一人讲的是他如何被指责揪了前面女孩的辫子，而事实上是一个穿绿衬衣的男孩干的；还有人至今仍对老师耿耿于怀，因为老师不相信他很聪明，可以把通知带回家，却把通知用别针别在他身上。

佛瑞德也记得童年时多次被人欺负的事。他在家中五个孩子里排行中间，不是老大，没有特权；不是老小，缺乏疼爱。在家里，他常常掉眼泪，兄弟们把爱哭的他叫做"哇哇"。现在他虽已明白自己的烦恼主要是由于完美忧郁型性格造成的，但他仍能栩栩如生地回忆起那些不快的往事。

我儿子小佛瑞德也是完美忧郁型，只有当学校的一角被烧毁，或在搜查毒品时，八年级的学生一半都被投进监狱了，他才会有点兴奋。他不会被缺乏悲剧色彩的事情感动，他喜欢关注消极的东西。

从逻辑上说，当一个人把许多精力都花在消极的事务上时，他就容易情绪沮丧。完美忧郁型应使自己的思想积极向上，一旦他发现自己的思想停留在事情的负面时，就应该竭力拒绝头脑被这种思想占据。

方案 3：不要太容易受伤

完美忧郁型事实上喜欢被伤害，而这个问题又使他们的目光只看到自己，看到自己是如何地"被欺负"。我丈夫佛瑞德年少时，是典型的完美忧郁型，他注意到在分星期天的烤肉时，他没得到有外皮的那份。因为大家都喜欢香脆的外皮，所以佛瑞德感到自己被冷落了，他开始制作"烤牛肉表"。连续 16 个星期，他都在星期天写下记录：1 月 12 日，伊迪婶婶和迪克；1 月 19 日，史蒂夫和爷爷……一天,她妈妈打扫他的房间,在拿起桌上的记事簿时,发现了这张奇怪的、只有日期和名字的表格。他回家后,妈妈问他这表格是什么,他自以为是地说:"这张表格记录的是谁得到了烤牛肉的外皮。你看16个星期都没有我的名字,这就是我被你们冷落的证据。"

他那权威急躁型母亲简直难以相信他会花时间记录星期天烤肉的分配问题,但他的确容易沉湎于这些消极的真相。

许多完美忧郁型总是易于受伤,还在很小的时候,他们就总感到被冷落或被忽视。以下是一个例子:

圣诞节是乔舒亚预料中的、不快乐的一天。首先,他把自己和表妹劳拉收到的"玩具"礼物列了一份清单。他发现表妹收到的比他多。虽然乔舒亚有新衣服和带有"星球大战"图案的被褥,但他还是泪流满面地叫道:"圣诞老人更喜欢劳拉!"

方案4:要看积极的一面

完美忧郁型总是无中生有地收集一些批评意见。如果他们听到房间里有人提他们的名字,他们就觉得是有人在说他们的坏话。相反,可爱乐观型却觉得如果有人在谈论他们,那肯定是赞扬他们。他们相信一句古老的俗语:"坏事不出门,好事传千里。"

完美忧郁型的大脑就像一台频道被设定在"消极"位置的收音机,但当完美忧郁型决定不再坐在乌云下,而要去寻找黑暗中的一线光明后,他们的注意力是可以转变的。多看人们的优点,即使遇到麻烦,也要感谢上帝赐给的经验,并从中吸取积极教训。

方案5:读读《驱散乌云》

在我的《驱散乌云》一书中,我详细阐述了抑郁的表现及一些

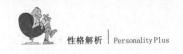

自我帮助、外在帮助和精神帮助的方法。这一简单的研究将使不同性格的人更加了解抑郁情绪,尤其对完美忧郁型很有益。

*记　住

强调积极,祛除消极。

*问题:完美忧郁型自惭形秽

方案 1:找到产生不安全感的根源

由于先天具有消极倾向,完美忧郁型对自己的评价总是很苛刻。他们在社交场合总有不安全感。他们常常吸引可爱乐观型同伴,这类同伴能帮助他们与人交谈。我曾遇到过才华横溢的完美忧郁型,他们在自己的专业领域全国闻名,但当被要求在晚宴上讲几句话时,他们却惊慌失措。完美忧郁型的自惭形秽通常源于他们幼时受过父母和老师的批评。完美忧郁型接受了消极评价,人们又把更多的批评加诸他们。我在妇女俱乐部工作时,就注意到:如果会长们对批评耿耿于怀,别人就会对她们愈加挑剔;如果她们对批评听之任之,别人也就不管她们了。

我曾帮妇女们制作自我形象图,并问她们对自己头发、体重、眼睛、才能和精神等方面的看法。每个妇女都立即写下她对自己的看法,然后我让她们注意自己是在哪里第一次产生这种看法的。是不是她妈妈告诉她她头发的颜色很难看?她爸爸说她不聪明?当这些妇女们做这种简单的练习时,她们对自己为什么会产生这些看法豁然开朗,并意识到自己为什么会自惭形秽。接着,我让她们评价这些看法今天是否还有效,或者是已经过时了。如果还有效,那么我们就要制订一个改进的计划;如果只是荒诞的说法,那么就要请上苍帮我们从头脑中抹去这些虚假的消极看法。

方案 2:留意"假谦卑"的表白

由于完美忧郁型的自我评价较低,他们会以一种微妙的方法寻求赞扬,这一点甚至他们自己也没意识到。他们会就:"我没做对过什么;我头发总是乱糟糟的;我从不知道穿什么。"说这些话时,他们也觉得很自卑。实际上这每一句话都像是在挥舞红旗表白:"我没安全感。"完美忧郁型这么说其实是想提高自己的形象,并强迫别人赞扬他们,然后他们再拒绝这种赞扬。

*记　　住

完美忧郁型最富有成功的潜力,

别成为你自己最坏的敌人。

*问题:完美忧郁型拖延时间

方案 1:在开工前找到"合适的东西"

完美忧郁型都是完美主义者,由于害怕做不好工作,他们常常阻挠某些工作的开展。平和冷静型的拖延是因为不希望做某项工作;但完美忧郁型的拖延却是因为想把某项工作做得完美无缺。

当我们住在康涅狄格州时,佛瑞德决定安装一套完善的音响系统。一开始,他在客厅的墙上打了一个大洞,放入了扬声器。唱机转盘藏在小柜里,但扬声器在客厅里太显眼了,还毁坏了装饰风格。我试图在这个黑洞前放点什么东西遮掩一下,但佛瑞德却让我等等,他要找"合适的东西"。我找到一幅画可以挂上去,但在画的另一面会露出凹凸的石膏。加之佛瑞德说它会使声音失真,因此不让我挂。我的每个建议都不是"正确的"。我想把钢琴放在洞前,上面堆上《赞美诗》等书籍,但也行不通。我又想放一大束花,但这又使得别人更加注意它后面的那个大黑洞。圣诞节到了,这是一年中最快乐的时光,我用一棵大大的、繁茂的圣诞树盖住了这个洞,人们对从熠熠闪光的装饰品下飘出的音乐印象深刻。两年后,佛瑞德终于承认他可能永远也找不到合适的东西,于是我想叫木匠在洞前做一个柜子。我提前几个月就与佛瑞德商谈,直到他说出:"我想这是合适的。"完美忧郁型,在从事你完美无瑕的工程时,如果找不到"合适的东西",也不要嘲笑别人,要尽快完成工作。

方案 2:不要花太多时间做计划

一位女士告诉我她丈夫在整理院子前,要把所有合适的东西都摆好。一包包水泥放在草坪上,压坏了小草,一辆旧手推车斜靠着前门摆了几个月。每当她抱怨时,她丈夫就说要制订好整个院子的总体计划之后,才能开始工作。当丈夫仍在考虑景观美化问题时,她已在手推车里种上了天竺葵。

阿琳要求丈夫做一些简易书架,丈夫却花了整整三个月画草图。杰姬的丈夫要为儿子做鱼缸架,她给我展示了她丈夫在开工前画的四页设计图。

如果我问佛瑞德怎样挂一幅画,他就会分析墙壁。墙总是会有些凹凸不平,而这一发现是令人沮丧的。他不得不测量墙的高度、宽度和画的尺寸。他需要合适的钉子和小锤,但却常常找不到。如果我要快速挂一幅画,我就会抓起我能找到的第一颗钉子和一只旧鞋,在我认为该挂画的地方钉上钉子。如果把画挂上后觉得不合适,我会拨出钉子,移几英寸再钉。几次快速尝试后,我就找到了正确的位置。上次我们搬家,佛瑞德把画拿下来时,气恼地发现每幅风景画后面都是一连串的洞。于是在我们卖房前,他不得不用石灰把这些洞补好。

*记　住

如果完美忧郁型不花这么多时间作计划,

就不会迫使其他不具备资格的人毫无准备地开始工作,

这样反而会把事情弄糟,使工作复杂化!

*问题:完美忧郁型对别人提不切实际的要求

方案1:放宽你的标准

完美忧郁型做任何事的标准都很高,总想做得尽善尽美,但当他们把这些标准强加于其他人身上时,这一美德就成了弱点。

一位可爱乐观型女孩在研修班上陈述说:"自从我和完美忧郁型丈夫结婚后,我做的每一件事他都要更正。即便我死了,也不得不回来再死一次,因为我第一次做事,总是做不对的。"

我在棕榈泉举办研修班时,一位优雅的完美忧郁型女士过来与我交谈:"以前我从未听过性格理论课,我想知道这些理论能否解释我那怪异儿子有什么毛病。"

接着,她讲了她家的"常规"标准。她、她丈夫和一个儿子是完美忧郁型,他们把所有的东西都放得井井有条。她把杂志放在咖啡桌上,笔直地排成一行,一本比一本略向下,刚好露出上面这本的名字。杂志离桌边正好两英寸,这些杂志都是现期刊物,下期杂志没来前,谁也不许阅读,所以这些杂志看起来都是崭新的。一天,她那"怪异"儿子(10岁)突然走进客厅,把所有杂志推到地上,抓起一本,撕掉封面,揉成一团,再扔到她脚下。她差点被这反常的举动气疯了,所以她已为儿子预约了儿童精神病医师。

当我们讨论这一问题时,我跟她分享了自己的感受:完美忧郁型觉得让一切都"井井有条"是正常的,但这对可爱乐观型儿童来说却是沉重压力,足以使他发狂。这男孩再也不能忍受这样的"玩具屋子"存在了。学习性格理论对于人们如何正确对待别人是很有帮助的。这位女士的高标准对她和家里其他两位完美忧郁型是合适的,但对可爱乐观型来说却无法做到。当她明白这点后,她说:"我以为他是精神上的问题。"

我回答说:"如果你继续这样下去,他是会出精神问题的。"

方案 2:要感谢你能了解自己的性格

性格研究对完美忧郁型来说最有意义。他们会逐渐懂得为什么人们的行为举止是不同的,他们会开始与家人和朋友积极相处。

许多完美忧郁型总觉得自己可能有毛病,因为他们不能像别人那样显得轻松愉快。人们告诉他们要高兴起来,放松一些,但他们却做不到。当完美忧郁型认识到自己并没有精神问题,自己只是四类性格中的一类时,他们中的许多人都会感到如释重负!

琳达·希来波(Linda Schreiber)从乐古纳写信来说:

我很难用语言来表达性格学习对我来说是多么有价值。我难以置信的是它与希波克拉底一样古老,但我却是第一次接触它。我是个真正的完美忧郁型,性格理论帮我解决了头脑中的许多问题。我曾无数次感到受了朋友们的伤害,现在我很容易看出我的大部分朋友都是可爱乐观型。他们并不是真心要伤害我,而是我对他们的行为太敏感了。我面临的事情其实很简单，现在我可以看到全局了。我觉得自己没有朋友，甚至没有亲戚，这就是完美忧郁型的表现。与别人相比，我的感受总是很强烈，以致我觉得自己可能有严重的情绪问题！了解到自己并非异类，而只是四种性格中的一类时，我心头仿佛卸下了一副重担。

*记　住

生活中，不是每件事都能完美无瑕的，所以要放松一些。

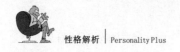

第十章

让我们与权威急躁型和谐相处

可爱乐观型觉得他们的缺点微不足道；完美忧郁型觉得自己确实有缺点并且不可救药；但权威急躁型却拒绝相信他们有任何令人讨厌的地方。因为基本前提就是他们认为自己总是对的，所以他们自然不能看出自己也可能会犯错。

当他们还是小孩子时，权威急躁型就争强好胜，千方百计不丢面子。

五岁的布赖恩是权威急躁型，他打算穿着旧锐步鞋去参加生日晚会。他母亲命令他回房间去换上他的礼鞋。

"我讨厌这种鞋。"他清晰地说。他那权威急躁型母亲答道："我不管你喜不喜欢,只要穿上就行。"

"我不想穿这双棕鞋。"布赖恩说道。

"那你就不必参加晚会了!"

布赖恩面临问题了。他想去,但不想穿那双棕鞋。他的权威急躁型个性使他不愿屈服,但他母亲已在发动汽车了,他从以往的经验中知道母亲是说一不二的。

他为难地站了一会儿,想出一个权威急躁型挽回面子的方案。"我穿这双棕鞋,但参加完晚会回家后,我就把它们扔进垃圾里,我再也不会穿它们了!"

布赖恩觉得自己已经赢了!

*"无错"先生

一天晚上,在婚姻研修班课间休息时,一位权威急躁型男士冲到了走廊上,在空中挥舞着他的性格资料。

"这些优点我全有,但缺点我一个也没有。"他嚷着,身后跟着他小巧的平和冷静型妻子,她无奈地摇头,却不敢说一句话。

"另外,"他说,"这些也算不上缺点。"

"你指的是什么?"我问道。

"嗯,你看'急躁'这个词。如果大家都按我的要求去做,我绝不会急躁的!"他连续敲打着讲桌以示强调,又面无表情地以权威急躁型的方式做了总结,"急躁对我而言不是缺点;这都是别人的错。"

这正是权威急躁型的核心问题,也是他们不想改进的原因。他们总觉得缺点不是他们的,过错在别人。如果权威急躁型能相信自己性格中有生硬粗暴的一面,他们就会比其他人提高得更快,因为

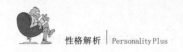
他们善于专注目标,并想向世界证明:只要他下定决心,就能征服一切。

*问题:权威急躁型是强迫工作者

方案1:学会放松

权威急躁型是伟大的工作者,他们完成的工作比其他性格的人都多,但这也有消极的一面,那就是他无法放松自己。他全速前进,不懂自我调节和张弛有度。由于我和佛瑞德都部分带有权威急躁型个性,所以你可以想象我们已完成了多少活动。如果我们坐下,就会感到内疚。生活就是要不断地追求成功和成果。

每所房子都可以被改造,
每顿饭都可以做得更好,
每个抽屉都可以更整洁,
每项工作都可以更快捷。

我们中的权威急躁型推着大家走,走,走。如果你还能挺住做一些事,就不能坐下!

我曾跟一位平和冷静型朋友谈到我不得不强迫自己休息,只有当觉得睡眠是抵达健康的一个台阶时,我才会小睡一下。

"休息的时候,"我解释说,"我还在计划一起床要做什么。"

"这太滑稽了,"她说道,"你休息的时候想着要起来。对我来说正相反,我起来的时候,总希望自己能躺下休息。"

我俩都大笑起来, 因为我们意识到爱工作的权威急躁型和爱休息的平和冷静型是多么的不同。

去年我和佛瑞德觉得我们太需要休息了。我弟弟让(Ron)建议我们去巴哈马群岛的一个小岛,那里远离尘嚣,我们可以强迫自己放松一下。我们飞往这个乐园,并决定除了休息,我们什么都不做。

第一天我们错过了早餐(我们去吃的时候服务员已走了)。第二天早餐后,我们去考察那狭长的岛屿。我们站在中间,发现只有两件事可以做:走到右边或走到左边。到午餐时间,我们把两件事都做完了。

午餐后,我和佛瑞德走回房间坐在双人床边。佛瑞德取出写字板和便笺簿说:"我觉得应该计划一下这个假期。我们最好在服务员离开前去吃早餐。要抓紧时间,在上午 9:30 穿上游泳衣,再朝左边走。为了把皮肤晒成褐色,我们要在沙滩上躺到上午 11:00。然后回房更衣吃午餐。"

当佛瑞德写下我们的计划,并精确到每分钟时,我频频点头。到下午 3:00,我们再朝右边走。

这时,我醒悟过来我们在做什么了。需要休息的权威急躁型正计划着每一天,这样我们就不会浪费假期了。我们明白即使选择了安静的地方,但由于休闲跟我们的个性是如此矛盾,以至于我们仍在计划如何安排出最佳的作息时间。

权威急躁型必须认识到他们易患心脏病,应该学会放松。我强迫自己休息,旅行时我会告诫自己在恰当的时间上床休息。虽然晚会仍在继续,但我会道一声"晚安"并退出。

权威急躁型从不懒惰,但他应该认识到他不必随时都在工作。

方案 2:阅读《当我休息时我感到内疚》

权威急躁型很难放松心情,从容不迫。提姆·汉森尔(Tim Hansel)专门为权威急躁型量身定做写了一本书——《当我休息时我感到内疚》。他写道:"我很难将休闲融进自己的生活。很少有人指责我做得太少。我的问题正相反,我认为如果工作 10 小时是良好的话,那么工作 14 小时就是优秀。"

然后他挑战了其他"工作狂":"时光匆匆而过,但你却从未品味过生活,这不可惜吗? '玩耍'和'休息'是你常用词汇中的外来词吗? 你最后一次放风筝、最后一次骑自行车或最后一次亲手做东西是什么时候? 你最后一次深深陶醉于生活、绽开灿烂的微笑是什么时候? 机会是有的,但稍纵即逝啊。"

提姆是写给我和佛瑞德的。他教导我们不必去计划我们的假期,也不必强迫孩子们做事。我们可以放松自己,而不必感到内疚。当我和佛瑞德能正视这一缺点后,我们就开始一起开心地玩了。我不再催促他每个周末整理院子, 如果家里不能随时像博物馆一样整洁,我也不再感到是失职了。

权威急躁型要学会休息。试一试吧,你会喜欢休息的!

方案 3:不要给别人施加压力

权威急躁型有令人惊叹的工作能力,这既是资产,同时也是债务。从商业观点看,对进步和成功的渴求使权威急躁型成了追求之路上的王者。不论男女,权威急躁型都急切地朝着目标迈进。权威急躁型可以在更短的时间里比其他性格的人取得更大的成就。一般来说,可爱乐观型需要权威急躁型的推动来完成一件事;完美忧郁型需要权威急躁型的敦促以从分析转入实际工作;喜欢观望、不愿工作的平和冷静型则需要权威急躁型的调动来设立目标, 而设立目标是权威急躁型与生俱来的个性。权威急躁型早已被赋予了追求成功的动力, 而其他性格的人在得到孜孜以求的成果前却会退缩。

权威急躁型目标专一,不容许别人妨碍他前进,所以他能比其他性格的人取得更加辉煌的成就,但某些情况下这种动力也会使别人恼火。

桃乐茜·舒拉(Dorothy Shula)谈到她丈夫——迈阿密海豚队的教练唐时说:"如果我明天死去,我坚信唐会保存我的遗体。这一赛季结束后,他才会有时间给我办一个体面的葬礼。"

我也宁愿工作而不愿做别的。最近我和玛丽塔一起去菲尼克斯市,玛丽塔的车胎爆裂,于是我们不得不跌跌撞撞地去加油站修理。一路上,我都在为"演讲培训研修班"准备提纲和讲义,忘我地工作着。到达修理厂后,我怀抱文件夹下了车。当车的后部正被慢慢顶起时,我按数字顺序把文件夹放在了车顶上。突然,我醒悟自己在做什么了。我如此敬业,无法停下工作,甚至在一个陌生的修理厂,周围满是技工,我也能把马尼拉文件夹铺满汽车。

权威急躁型要意识到即使我们要工作,但我们对成功过于强烈的追求会给身边的人带来可怕的压力。他们会感到如果不抓紧每一分钟,他们就是二等公民。桃乐茜·舒拉会觉得自己真是不如"海豚队"重要,我也把压力施加给了周围的人。权威急躁型不能变成工作狂,只有这样,人们才会愿意享受与他们在一起的时光,并且也不会为害怕精神失常而逃跑。

方案 4:安排休闲活动

由于权威急躁型即使在休假时也喜欢工作,因此权威急躁型们应寻求一种新职业——闲暇时光顾问的帮助。我们权威急躁型要以我们的快乐为业,并雇佣他人为我们寻找乐趣,这才符合逻辑!休闲生活方式顾问切斯特·麦克道尔博士在《他们将帮您安排休闲时光》一文中,写到了我们这些工作狂,并引用了以下句子:

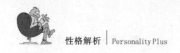

"他们设立了种种障碍使自己无法享受生活，他们对休闲感到内疚。我们要帮助他们消除这些障碍。"

对工作狂的研究表明他们不像其他人那样有娱乐的需求，他们热爱工作，但他们的心理问题并不比其他人多——这一事实使研究人员感到惊奇。毫无疑问，这些研究人员都是想寻找神经症深层原因的完美忧郁型。

权威急躁型就是爱工作！

在一篇题为《你的乐趣在于工作多多吗？》，作者麦德林·卡莱尔(Madelyn Carlisle)问道："娱乐会摧残你吗？当你需要刺激时，娱乐会使你觉得无聊吗？当你需要放松时，娱乐会使你感到紧张吗？"接着她指出：对每个人而言，如果工作时需要来回走动，那么安排一段宁静的时光是很重要的；反之，如果工作时需要久坐不动，就要适当地运动运动。权威急躁型应该安排一些休闲活动。

*记　住

你可以休闲，同时不必感到内疚。

*问题：权威急躁型必须处于控制地位

方案 1：响应别人的领导

在与极端权威急躁型交往时，我发现他们只有在处于控制地位时才觉得舒服。玛丽塔曾与一位特殊的权威急躁型年轻人约会，他是个讨人喜欢的欧洲人。当我们在他熟悉的区域与他见面时，他对我们就像对王室成员一样，赠送昂贵的钢笔做礼物，给女服务员许多小费要求她们服务周到。但当我们在家招待他时，他很不自在,也不太通情达理。我们分析了他的行为反差,意识到他如果没有处于控制地位,就会心神不定。

权威急躁型要学会适应社会环境,在自己不是主管的情况下也要放松。此外,要给别人做决定和组织活动的机会,要应对计划外的事,并与不是自己选择的领导相处。

方案2:不要轻视"傻瓜"

权威急躁型最引人注目的弱点是:他坚信自己是对的,跟他看法不一致的人都是错的。他知道要如何又快又好地完成工作,还告诉别人也要这么做。如果你没有响应的话,就是你的错。大部分时间里,权威急躁型仿佛站在世界的顶峰,高高在上地俯视着他所谓的生活"傻瓜"。这种趾高气昂的态度将会对那些在权威急躁型管理之下的人造成心理伤害。

由于权威急躁型只看到自己的优点,所以他很难容忍别人的弱点。他不能容忍病人,我的一位朋友谈起她那权威急躁型的丈夫时说:"我生病时,他把我放在床上。说道:'你好了就出来吧。'然后关上门走了。"

最近我碰到一名权威急躁型演讲人,他告诉我:"我讨厌不可靠的人,我只想摇醒他们。"权威急躁型最大的缺点就是不能忍受别人的缺点。他们不理解不像自己的人,并认为这些人软弱而愚笨。权威急躁型不明白为什么有人会不服从他强硬的领导风格。他希望他的项目能调动大家的积极性,他的思想能鼓舞大家。

当权威急躁型了解性格理论后,他可以改进自己的领导风格,使之适应不同的人;如果他还不了解性格理论,他就会团结其他权威急躁型按他的意图做事,而把"傻瓜"扔在途中。

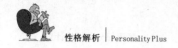
方案 3：停止操纵别人

权威急躁型能通过令人惊异的方法使人们去做事，还让人蒙在鼓里，意识不到自己被利用了。可爱乐观型通过拜访别人来展现魅力，而权威急躁型却想操纵别人，于是，可爱乐观型和权威急躁型的混合型用一种有趣的方式来操纵别人。可能你也曾幻想过这样做。

当玛丽塔 12 岁时，她想参加一整天的"耶稣长征"活动，我竭力反对她参加，直到我收到了以下这张字条：

> 让玛丽塔去参加耶稣长征。
>
> 你想知道我是谁吗？
>
> 我是上帝。我会陪伴她、保护她。
>
> 如果你同意玛丽塔去，她会帮你干活，
>
> 我会保佑你工作顺利。
>
> 我知道你会让玛丽塔去的。
>
> 上帝

谁敢违背上帝的旨意呢？

罗仁(Lauren)是比玛丽塔更纯粹的权威急躁型，她是一位操纵大师。她的德国猃狗玛尼(Monie)正处于发情期。一天，她对我提出了一个假设，她问道："如果你将得到一只玛尼生的小狗，你是希望我把她与棕榈泉最健壮的冠军狗配种呢，还是仅仅与一只街头的普通猃狗配种？"我很犹豫该如何回答这个问题，因为我坚决不想养任何动物，也不想不停地拖地。"如果我要养一只(我没有的动物)的话，我肯定希望是冠军狗而不是街头普通狗生的小狗。"

罗仁很快回答说："我就知道你跟我的看法是一样的。星期三我要给她配种,我需要 350 美元,你可以在一两天内拿给我。可以直接付清,也可以按分期付款方式为你的小狗付配种费。"

我目瞪口呆地坐在那。才两分钟,我就从在任何情况下都决不养狗,被推到要喂养还没付配种费的鬈狗的境地了!

稍事冷静,我的权威急躁型特性使我坚决地拒绝了这笔差点达成的交易,我感到自己占了上风。但权威急躁型从不言弃,罗仁将玛尼与街头普通狗进行了配种,圣诞节时,送给我一只装在盒子里的纤弱小狗。

虽然上述两则家庭故事比较幽默,但大多数权威急躁型的诡计就不是那么有趣了。即使某一时刻权威急躁型仿佛侥幸没有处于操纵地位,但当人们事后回忆事情的经过时,仍会满怀怨恨地发现自己还是被操纵了。权威急躁型如想长期保持友谊和商务合作关系,就必须停止操纵别人,与人坦诚相待。但权威急躁型往往拒绝接受这个方法,因为他们觉得这类诡计得逞能令他们感受到胜利的喜悦。如果权威急躁型能看出操纵别人是一种多么让人生厌的品行的话,他们也许会考虑改变的。

* 记 住

停止操纵别人,
不要歧视"傻瓜"。

*问题:权威急躁型不懂如何与人相处

方案 1:训练耐心

我喜爱詹姆士的句子:"你的生活是否充满了困苦和诱惑?那

么快乐起来吧,当道路艰险时,你就有机会增长耐心。让耐心增长吧,不要试图消除你的烦恼。"对权威急躁型而言,这是多么睿智的话语啊!他们总想按自己的方式行事,并想远离一切不利的东西。权威急躁型天性急躁,但一旦他们认识到这个问题,这一弱点是可以克服的。

由于权威急躁型能在更短的时间里比其他性格的人取得更多的成果,所以他们很难理解为什么别人跟不上他们的步伐。他们感到沉默寡言的人愚笨,不冒犯别人的人懦弱。他满怀自信、高高在上,觉得别人都有点像"劣等公民"。

权威急躁型能从性格理论中学到的最有价值的东西是:要意识到他善于进取的能力在人际交往中通常却是一种障碍。没人喜欢专横、急躁、使人有不安全感的人。只要权威急躁型能有片刻注意到自己对别人可能太粗暴无礼了,他就会迅速改进行为举止,并真正成为他梦寐以求的伟大领袖。

方案 2:被问了再说

权威急躁型觉得所有碰到麻烦的人都会喜欢他的解决方案,所以他总是强迫自己去更正别人的错误。不管别人有没有请求他,他都想给需要帮助的人指明方向。我朋友约翰驱车从山上下来,他注意到前面的那辆卡车走得摇摇晃晃像在"遛狗"一样,略微向一边倾斜着。这张卡车看起来很新,约翰就推测车主买了辆次品,可能会欢迎他的建议。他在卡车旁停下来,向车主挥手示意让他停在路边。车主看到了,却不予理会。于是约翰就按着喇叭,指向路边。最后,车主让步,停在了路边。约翰向迷惑不解的车主解释到:"你的卡车是'遛狗'车"

"是什么?"

"'遛狗'车,意思是车框是弯的。肯定在运输中摔落过。你应该开回去找经销商。他们不能卖这样的车!"

在发表了一通"高论"后,约翰觉得帮了别人一个大忙,他高兴地驾车离去。留下那位车主垂头丧气地站在卡车旁。其实,并非所有的人对权威急躁型的建议都是如获至宝的。

方案 3:不要盛气凌人

我在"性格解析研修班"上做过调查,发现人们最不喜欢的品行就是"专横"。没人喜欢"专横"的人。我请代表们用另一张纸写下他们的缺点,没人写"专横"。显然,专横的人看不到自己的专横。相反,他们觉得自己帮了别人大忙,别人应该感谢他们的指导。

权威急躁型反应敏捷,判断力强,想到什么就说什么,毫不顾及别人是否能接受他的意见。他关心的是如何完成一件事,而不是别人的感受。他觉得自己是在推动事情的进程,但跟他合作的人却觉得他太专横。

权威急躁型不仅讲话时傲慢,而且他们写留言条时也很专横。一天,我可爱乐观型朋友佩吉手捏一沓纸条来找我。她看起来很伤心,把纸条推到我面前说:"看看我母亲都给我写了些什么! 她不在时我用了她的房间,现在我要搬走了,你看看这些纸条!"第一张纸条写的是:

佩吉,还我红色的丹斯克(Dansk)壶!

(权威急躁型喜欢用下画线来强调,再用感叹号来表明他们是当真的。)

第二张纸条写的是:

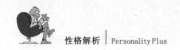

佩吉,

出门时请记<u>住</u>关上炉子,否则会抬高账单的!!

第三张纸条用两个"邦迪创口贴"贴在洗衣机上。

佩吉,

洗衣后关上两个龙头,如果不关,水就会漏满娱乐室。还要<u>每次</u>清理干净干衣机收集器里的毛絮!

由于佩吉是可爱乐观型,所以她不太在意这些纸条。一天,她母亲出乎意料地回来了,发现家里乱七八糟的。她钉了最后一张纸条:

佩吉,我回来了,我<u>不喜</u>欢房间的凌乱。

你没发现我的小烤炉很脏(仿佛被遗忘了),你也没发现防盗自动警铃被关上了——我们用它来保护财产。

你可想而知<u>我有多么生气</u>!

<u>如果</u>你再用我们的房子,<u>要</u>把它<u>恢复如初</u>。

爱你的,母亲

佩吉很难过,这<u>些</u>纸条也令我浑身发抖。我问佩吉能否让我保存<u>这些</u>纸条。这是权威急躁型如何指挥别人的最好例子,他们觉得合情合理的方式,却让别人感受到了盛气凌人。

方案 4:停止争论,不要惹麻烦

权威急躁型掌握了正确答案后,喜欢把迷惑的、心神不定的人引入争论——然后赢得胜利。引诱"傻瓜"并证明他们是错的,成了权威急躁型挑逗别人的嗜好。

佛瑞德的弟弟史蒂夫过去常常研究《读者文摘》中的"易读错词语",把这些页面撕下来装在钱夹里,然后就等着那些无知的人来上当,迟早会有人落入圈套的。这时,史蒂夫就会兴高采烈地对着那人读出发音, 并说道:"我觉得你应该发现自己读错了这个词。"然后,他从钱夹里拿出证据,指出正确读法,让对方张口结舌,彻底被击败。只有权威急躁型喜欢这种自负的"击落鸽子"的游戏。

权威急躁型喜欢论战和争辩, 不论他们是开玩笑还是严肃认真的,这种煽动事端的行为都是极差的品行。

*记　住

没人喜欢急躁、专横的惹是生非者。

*问题:权威急躁型是正确的,但不受欢迎

方案 1:让别人正确

权威急躁型很难听从劝告,他们总能证明自己所做的一切都是对的。由于他觉得自己很完美,所以如果知道某事是错的,他就不会去做这件事。权威急躁型认为自己是不会错的,他不会从内心深处承认自己可能会出错。有时,他的固执己见,使别人很难与之相处。

我弟弟让对我讲述了他与一位权威急躁型验光师发生争执的经历。他想为妻子配一副双焦眼镜,于是他找到那位有妻子眼镜度数单的验光师,向他描述了想要的眼镜。验光师却回答:"这是不可

能的。"我弟弟也是权威急躁型,他要推进目标,不肯轻易让步。

"你还不明白我说的话:我要的是一副普通太阳镜,只是镜片要根据我妻子的近视度数来配,这样她才能在游泳池边看杂志。"

验光师还是反驳说:"这是不可能的。"

我弟弟继续给他做逻辑解释,但验光师却置若罔闻。让最后从验光师手中拿回度数单,并说:"我到别处去配。"

弟弟离去了,验光师感到自己居于下风。他立马打电话给让:"如果你在别处配到了这副眼镜,那么他们一定会配错的!"

这就是一个权威急躁型固执己见的经典例子。

方案 2:学会道歉

权威急躁型总觉得自己无所不知、绝对正确,所以他无法想象自己会需要给别人道歉。他认为"对不起"是软弱的标志,像逃避生病一样逃避这个词。我们跟一位权威急躁型年轻人一起住了一年,他总是毫无顾忌地批评我们,还从不觉得自己有什么问题。一天清晨,我们吃完早餐后他才起来找麦片。他拿出我的麦片盒,直言不讳地说:"你知道我不喜欢这种麦片。你难道就不能买点我喜欢的东西吗?"他把麦片盒扔在台子上,什么也没吃就气冲冲地走了。后来,当时才 12 岁的小佛瑞德目睹了他如何拒绝这种品牌的麦片后,带着完美忧郁型的敏感,静静地走到我身边说:"我想代罗伯特向你道歉。在麦片这件事上,他太不礼貌了,但我知道他是不会说'对不起'的"。

小佛瑞德说对了。罗伯特从未道过歉,当提到这事时,他嚷道:"这是你我之间对麦片的不幸误解。"权威急躁型就是不能面对现实,说句:"对不起。"

我在棕榈泉乘飞机时,一位怒气冲冲的权威急躁型坐在我身边。"这些白痴,让我两次过安检门,我不过是出去买了本杂志而已。我告诉他们我已穿过一次安检门,没必要再过了,但他们还要求我再过一遍。"看他怒不可遏的样子,我也不好说什么反对意见。你很难劝告权威急躁型或与他们讲理,因为他们觉得自己无所不知,总是责备别人,还振振有词地推脱自己的过错。

方案3:承认自己也会出错

权威急躁型最有潜力成为宏伟事业的领袖,所以他们最能从性格理论的学习中受益。他应该发扬自己做事敏捷、决策果断的优点,改正狂妄自负、急于求成的缺点。

不过,权威急躁型最大的敌人正是他自己。他将"优点"这个词文在了右臂上,并认为"缺点"这个词只属于别人。他看不到自己也可能会出错,这就阻碍了他抵达应该达到的高度。

莎士比亚描写了许多毁于悲剧性缺陷的伟大英雄。权威急躁型的悲剧性缺陷就是他看不出自己有什么悲剧性缺陷。他更关注自己是否正确,而不是是否受欢迎,他在表明立场时,常常固执己见。

* 记 住

如果权威急躁型能敞开心扉审视缺点,承认自己也有缺点,那么他就能如愿以偿地成为一个完美的人。

第十一章

让我们激励平和冷静型

对各种性格来说,每类优点都有与之相对应的缺点。平和冷静型没有明显的优点,所以他们也没有明显的缺点。而权威急躁型会把优点明明白白地摆在你面前, 所以他的缺点也就会显而易见;平和冷静型最好的一面和最坏的一面都深藏不露。平和冷静型是如此文静和善良,以致他们很难想象自己可能会冒犯别人。在研修班上很难与他们交流, 因为当我讲到与他们有关的部分时,他们常常是睡眼惺忪,显得很疲倦。

一天, 我逛商店想买 "平和冷静型椅子" ——即朴素、不显眼、能与任何格调相配的椅子。突然,我脑海闪过一个念头:平和冷静型最大的优点就是他没有明显的缺点。平和冷静型不会大发雷霆,不会意志消沉,也不会牢骚满腹地埋头苦干。他不热心、无主见,只会静静地忧虑,但这些缺点似乎也没到非改不可的地步。

*问题:平和冷静型不易激动

方案:要努力热情一些

平和冷静型最令人恼火的缺点就是他对任何事都缺乏热情。我曾问唐·空军(劳纶的一位男朋友)是否曾为什么事激动过,他想了几秒后回答:"我记不起在我生命中有什么是值得激动的事。"

虽然这个缺点并不是什么引人注目的大错,但如果你有一个新奇计划,你的伴侣却对此无动于衷,你一定会感到很沮丧的。当你畅想着美好的周末,蹦蹦跳跳地进门时,平和冷静型却说:"这听起来没什么意思嘛。有什么好去的,我宁愿留在家里。"这话对他那富有创意的伙伴来说不啻是一盆冷水,不管周末发生了什么,他们中总有一人是不高兴的。

权威急躁型女子会被平和冷静型男子所吸引,因为他沉着冷静的外表有一些魅力。而权威急躁型男子选择平和冷静型女子则是因为她气质温文尔雅,在这冷酷无情的世界里,需要有人来保护她。

结婚后,权威急躁型有条有理地制定了目标,并钉在墙上,希望能迅速引起反响。当平和冷静型回答"我毫不在意"时,权威急躁型难免垂头丧气,然后他会提出更富有创意的计划,期待着能得到热切的回应。几乎所有的权威急躁型都没有认识到:越宏大的计划,就越容易吓着平和冷静型,他们也就越不会为此而激动。

我曾花了很多时间想让我母亲关注我的成就。当我写出第一本书后,我想:这件事一定会使她激动的。不是每个女儿都能写书的,她肯定会喜欢这本书! 这书是专门献给她的,我不能错过这个机会!

我把书递给她,让她看献词。然后等着看她见到自己名字变成铅字后欣喜若狂的样子。但她翻开了书,没什么反应。我注意到那几天她读这本书时,表情也没什么变化。看完后,她合上书,凝视着窗外。我迫不及待地想听她的评价,但她什么也没说。最后,我对劳纶说:"去问问外婆喜不喜欢我的书。"劳纶去了,而我母亲的答复是:"这确实是一本书。"

一旦平和冷静型发现自己的不热情会使别人难过,他们就会运用这种无声的力量作为一种控制方式,低声轻笑别人的行为举止,希望能显得热情一些。一次周末静修,有好几位演讲人发言,主席问一位平和冷静型女士最喜欢哪位演讲人。她沉思片刻后说:"我还得花点时间才能弄清楚。"

主席又问另一位平和冷静型:"你还会再来吗?"得到的回答是:"也许吧,或者更可能的是我推荐其他人来参加。"

一位年轻的平和冷静型女孩在一次研修班上对大家说:"我丈夫是纯粹的平和冷静型,甚至在辩论时,他都会睡着。"

琳达则说:"跟我丈夫在一起时,我就像谈话节目里的主持人。他回家后就静静地坐着,我倚着他问:'你叫什么名字,宝贝?'如果我能引他说出片言只语,就相当幸运了。"平和冷静型就是不会对任何事激动。

两位平和冷静型结婚的确能避免产生麻烦和激动。我认识的这类组合的夫妇相处融洽,生活过得风平浪静。当然他们也常常会说:"坦率地讲,我们觉得这种生活很乏味。"

一位年轻女孩告诉我："我们结婚一年了，已没什么可说可做的了。"另一个女孩则说："每晚我问他：'你觉得该做点什么呢？'他回答说：'我无所谓，你想做什么呢？'由于我俩都没什么打算，我们就什么都不做了。"

另一位女士解释说："我们相处得很好。我要他挂一幅画；他答应了，但却忘了。我也是典型的平和冷静型，所以我不介意。"一位男士听到了这番言论，补充说："一年前，我们搬进这所房子时，把几幅画放在了饭厅的地板上。我们想把这些画挂在别处，但这件事看起来似乎也没那么急迫。"

在我们的研修班上，一位平和冷静型主席汇报说："我和我妻子都是平和冷静型，每晚我回家时她会问：'你想吃什么？'我回答说：'你做了什么？'她说：'没做什么，要不要加热一下冷冻快餐？'我点点头，于是我俩都站到冰箱旁，费力地筛选食品。"

*记　住

热情一些。从每月一次开始，
逐步变得开朗热情。

*问题：平和冷静型拒绝改变

方案：尝试一些新事物

一天晚上，李的平和冷静型丈夫皮特回家后说："快打扮一下，我要带你出去。"她很激动，想着该穿什么衣服才合适。她问："你要带我去哪里？"皮特回答："去蒙哥马利·沃德商场买垃圾桶。"我问李听到这话后的反应，李回答说："我穿好衣服跟他去了。这几个月

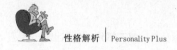

来,最令他激动的就是这件事。"

不幸的是,这件事就是大多数平和冷静型行为标准的写照。他们不需要娱乐,并想当然地认为别人也不需要娱乐。我看过一个卡通片:表现的是一位平和冷静型男士,躺在地板上,紧靠踢脚板上的一个老鼠洞,手中高举着锤子,准备痛打最先探出头来的老鼠。他妻子俯视着他,叹口气说:"跟哈里在一起,这又是一个激动人心的星期六夜晚。"

一位平和冷静型男士希望我为他乏味的婚姻生活提建议。我给他介绍了一些新的理念。他听后反驳道:"我想我还是假装一切都好吧——改变可能会更糟。"

*记　住

每星期至少要努力想出一样新奇的东西。

为伴侣改变一下是值得的。

*问题:平和冷静型似乎很懒

方案 1:学习在生活中承担你的责任

表现极端的平和冷静型是非常懒惰的,他们希望通过拖延来逃避工作。我挑选了一位女士来当妇女俱乐部主席,她问道:"我要做什么吗?"只要不被卷入工作中,她宁愿不要这个头衔。

吉尔要搬家了,她满脑子都是这件事,并要求朋友们帮她打包。三个月来,他们都在谈论哪天过来帮忙。按照约好的时间,她的权威急躁型朋友们来了。吉尔身穿尼龙连衣裙,脚蹬高跟鞋出现了,给人的印象是她根本不打算干什么重活。即使搬家工要第二天才来,但吉尔没准备箱子或包裹;她没给任何东西打包;画还在墙上;水槽里全是脏碗;要洗的衣物堆得高高的。

一位朋友告诉我说:"她希望我们把所有活都干完!"

如果你确实想让别人去做这些事,至少也要聪明点,不要对别人发号施令。

平和冷静型的菲尔舒舒服服地坐在火炉边的椅子上,他权威急躁型妻子正在把滑雪装备拿上车,为他们的滑雪之旅做准备。他抬头看看妻子,评论说:"如果你一次多拿点,就不会花这么多时间了。"妻子用滑雪棒敲了一下他的头,他还觉得莫明其妙。

在我们的研修班上,当分组的时候,平和冷静型总是不知该去哪个组,然后无所适从地去找他的同伴。他的同伴(通常是权威急躁型)就怜爱地走过来说:"你真是个平和冷静型小木偶!"然后同伴就帮他去找平和冷静型的组在哪里。

一位平和冷静型牙医被选为小组主席,他建议:"为什么我们不闭上眼睛冥想,等着时间到呢?"

另一个人附和说:"沉默不会使人退步的。"

方案 2:今日事今日毕,不要拖到明日

完美忧郁型和平和冷静型都有拖延的毛病,但原因不同。完美忧郁型要做好一切准备,并觉得能圆满完成任务后,才会开始工作;但平和冷静型的拖延却是因为他根本就不想做事。他趋向于懒惰,拖延的恶习使他不能下决心开始工作。平和冷静型有"明天情结":能推到明天的就绝不在今天做。

在我女儿劳纶出生前,我们开了一个婴儿送礼会,平和冷静型带来的礼物都是未完工的。第一件是一套可爱的蓝色衣服,开档处有摁扣。但通过检查,我们发现了一些本该钉摁扣的地方却别着直脚钉。如果可怜的孩子把脚并在一起的话,她就会被刺伤!第二件礼物是没有衬底的针绣花边麒麟。两位姑娘都真心希望能完成她们的礼物,因而她俩离去时,手里仍拿着她们的礼物。

两位姑娘带来的礼物虽然没完工,但她们也远胜过那些忘了这个婴儿送礼会、根本没来的可爱乐观型。

方案 3:自我激励

莎伦的大脑就像台球游戏桌,只有被外力推动时,彩球才会滚动,然后就安逸地聚集在网袋里,挂在安全角落,多年来一成不变。

这并不是因为她不会动脑筋;而是因为动脑筋跟干工作太相像了。当得到适当的刺激后,她可以从袋中抛出几个球;只要情况允许,还可以让这些球滚到肥沃的绿地上。当压力小一些时,她就会清理桌子,退回她的小窝。直到有人愤怒地抓起这些彩球,把它们抛向绿地,大喊着:"动起来!"

这个简单的小比喻反映的就是典型的平和冷静型的个性。不是他们不能做某项工作;而是他们不想做。一位女士告诉我她至少裁剪了四套套裙,但缝纫这些套裙的工作看起来似乎太繁琐了。"如果我确实需要在特殊场合穿一套,那么我再缝吧。"

虽然平和冷静型需要从别人那里得到直接的驱动力,但他们又怨恨别人的催促。这种矛盾在许多家庭里就演变成了冲突,平和冷静型不愿做一些必不可少的杂事;权威急躁型会让他做这做那,这样他就会怨恨这种督促。

鲁赛(Ruthee)家厨房的一扇窗子是朝西开的,每天下午加利福尼亚的阳光晒进来,使这里热得无法做饭。她请丈夫霍华德帮她挂上窗帘,但由于丈夫从不在厨房的艳阳下操作,所以他没有丝毫动力。最后鲁赛只好无奈地钉起一块大大的海滨浴巾,虽然挡住了炎炎烈日,但也大煞风景。有一天,鲁赛在旧货甩卖市场上找到一对木制百叶窗,大小正合她的窗子。她买回家,但又发现了问题:这对百叶窗没有上色。这时,霍华德稍微显出了一些热心,并答应鲁赛他将把百叶窗弄得古色古香,以便与橱柜相配。

这是四年前的事了, 现在这对百叶窗依然躺在车库里等待着被装饰。当鲁赛问起进展情况时,丈夫就觉得被冒犯了,他会说自己正在"加工它们"。鲁赛的处理方式就是忘掉她曾买过百叶窗,然后在不同季节换上一块新浴巾。

*记　住

作为平和冷静型,如果你不能激励自己负起责任来,

那么你就必须忍受伴侣的唠叨和啰嗦。

*问题:平和冷静型有坚强的意志

方案:学会交流感情

由于平和冷静型看起来与大家相处得很好,所以在工作中,当人们发现他们平静的外表下却有着坚强的意志时, 常常会大吃一惊。以下这个情形对许多权威急躁型妻子来说,就是一个综合事例:星期一早上, 夏洛特告诉查理说:"星期六晚上我们要去萨利家。"

查理的回答是典型的平和冷静型:"嗯。"

夏洛特是权威急躁型,她想当然地把不是"绝对不行"的答案都看作是表示"可以",因此就认为查理同意星期六晚上去了。

这星期夏洛特天天提醒查理:"别忘了星期六晚上要去萨利

家。"

查理又咕哝一声:"嗯。"

星期六晚上来临了。夏洛特忙着梳妆打扮,而查理却穿着 T 恤衫坐在躺椅上。看到他不像要出门的样子,夏洛特清楚地对他说:"赶快换换你的衣服。我们要去萨利家。"

终于,整个星期以来,查理第一次说出了一句完整的话:"我不去。"

"整个星期你都同意的。"

"我没同意;我只是没有反对而已。"查理不愿去。一旦平时顺从的平和冷静型做出了决定,你就很难让他改变主意。

通过向平和冷静型提供咨询服务,我了解到:从表面上看,他们对自己的婚姻是满意的。我问他们是否有什么可抱怨的,他们会说:"一切都很好。"即使他们的伴侣歇斯底里或威胁着要自杀,平和冷静型也看不出问题所在。他们单纯无知,不懂交流。他们的婚姻可能会磕磕绊绊很多年,没有公开的裂痕,直到有一天,平和冷静型决定不能再跟那位蠢妇生活下去了,他要离开。他不会提出问题来协商一下;他只会收拾行李一走了之。一旦平和冷静型铁了心,那么就很难回头了。

一位男士是这样说的:"我花了 20 多年时间才鼓起勇气做出这个决定,我现在绝对不会再改变主意了。"

这种顽固性情最根本的问题是:平和冷静型不愿沟通。由于他总是尽量避免对抗和争论,自然而然地,他就会发现对自己的感情缄口不言要更容易些,而不愿把感情坦诚公布,冒可能会引起冲突的风险。

许多时候,平和冷静型闭紧嘴巴确实能使自己置身于麻烦之外,但隐藏感情,拒绝沟通也会扼杀他与别人的情谊。

*记　住

不要在太迟的时候才敞开心扉,

更不要不露锋芒、深不可测。

*问题:平和冷静型优柔寡断

方案 1:要有主见

平和冷静型最大的缺点就是没有主见。权威急躁型提着一壶开水注视着他,急切地问:"你要咖啡还是茶?"他脱口而出的答案是:"随便。"平和冷静型认为自己的答案是合适的,所以他弄不明白权威急躁型为什么要把热水浇在他头上!

"我只是想使她更容易做而已。"

在飞离弗吉尼亚州诺福克市的航班上,一位空姐通过公共广播系统宣布午餐有三种。"你可以选海鲜纽堡酱、胡椒烤肉或卤汁面条。由于各种食品数量不多,后面的乘客可能得不到首选食品。"

接着,她迅速转向和我一起坐在第一排的那位平和冷静型男士,并问他:"你选哪种午餐?"他答道:"剩的最多的那种。"这位空姐是权威急躁型,她说道:"我没有剩下的,你是我询问的第一位客人。"她等待着答复。于是我大声说:"我要纽堡酱。"那位平和冷静型男士看了看说:"我觉得我也想要纽堡酱。"

平和冷静型的问题不在于他不会做决定,而在于他根本不愿做任何决定。毕竟,如果你没做出过决定,你也就不必为结果负责。

平和冷静型应该练习做出决定并承担责任。当平和冷静型挺身而出、果断决策时,他们的朋友、同事和伴侣都会感到欢欣鼓舞。

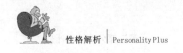

与优柔寡断说"再见"吧。

方案 2：学会说"不"

平和冷静型不想伤害任何人，为了不拒绝别人，他们会买自己根本不想买的东西。一位权威急躁型女士告诉我："平和冷静型的优点就是友善、乐于助人，在他们眼里没有陌生人。这几年，我那像熊一样笨乎乎的丈夫，常把灯泡推销员、真空吸尘器推销员、杂志推销员和其他林林总总的人，像老朋友似的带回家来，这常使我满怀疑虑，忧心忡忡。平和冷静型就是不会说："不！不！不！"

虽然平和冷静型不会为性格理论而激动，但他们也在学习，并逐渐运用这些知识。平和冷静型没有多少令人讨厌的缺点，只要他们愿意，他们能很快变得更好。通过别人的积极鼓励，平和冷静型每星期都会更热衷一些事，这将使跟他们一起生活、工作的人们更加愉快。他具有决策能力(但选择不做)，只要洞悉果断决策对改善与别人的关系大有裨益，他就能很容易地变得多谋善断，抛弃优柔寡断的形象。

*记　住

要学会说"不"，练习果断决策。
如果一次面对 31 种口味令你眼花缭乱、难以抉择，
那么就先尝试巧克力和香草口味吧！

第四部分

性格准则

改善人际关系的途径

第十二章

每个人都是一种独特的组合

当你算出自己的性格概况分数后，你就会发现自己是独特的。也许没人会跟你的优点和缺点完全吻合。大多数人在某种类型上得分最高，另一种类型上得分第二高，还零星地带有一些其他类型。一些人的分数在各种类型上都很平均，这些人通常是平和冷静型，因为他们面面俱到，没有突出的性格特征。

让我们再看看一些可能的组合。

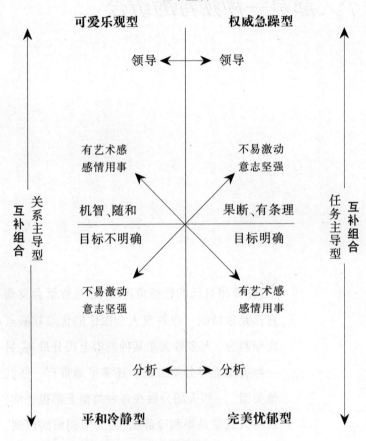

自然组合

外向

乐观

坦率直言

可爱乐观型　　　　　　**权威急躁型**

领导　　　　　领导

有艺术感　　　　　不易激动
感情用事　　　　　意志坚强

机智、随和　　　　果断、有条理
目标不明确　　　　目标明确

不易激动　　　　　有艺术感
意志坚强　　　　　感情用事

分析　　　　　分析

平和冷静型　　　　　　**完美忧郁型**

内向

悲观

善于言辞

自然组合

关系主导型　互补组合

任务主导型　互补组合

*自然组合

如图所示,可爱乐观型/权威急躁型组合是一种自然组合。他们二者都外向、乐观、坦率直言。可爱乐观型为了快乐而交谈;权威急躁型为了生意而交谈,但二者都是只说不做的人。如果你是这种组合,你就非常富有领导潜力。如果你能把你的两类优点发扬光大,你就会成为既能指挥别人,又能让别人愉快工作的人;一个喜欢娱乐又能完成目标的人;一个有毅力和决心但又不会不达目的决不罢休的人。这种组合的人能正确看待工作和玩耍,张弛有度。但从负面上说,这种组合会产生一个专横、不知自己在说些什么的人;一个在圈子里东奔西跑、易冲动的人;或一个总是打断别人谈话、喋喋不休、急躁的人。

另一种自然组合是完美忧郁型/平和冷静型。他们二者都内向、悲观、善于言辞。他们严肃认真,能深入观察事物,但他们不愿成为舞台的焦点。他们遵照特迪·罗斯福的教诲"说话小声,拿着大棒"。平和冷静型使完美忧郁型心情愉快,不再深不可测;完美忧郁型使平和冷静型奋发努力,不再松懈懒散。完美忧郁型对学习和研究的热爱,能与平和冷静型善于与人友好相处的能力相辅相成,所以这种组合产生了最伟大的教育家。他们在决策时可能会有麻烦,因为二者在这方面都不果断,且都会拖延。这种组合的最佳之处是平和冷静型的平和使完美忧郁型不会陷入消沉, 而完美忧郁型追求完美的意愿使平和冷静型能行动起来。

可爱乐观型/权威急躁型及完美忧郁型/平和冷静型都是自然组合,两者就像亲兄弟一样。

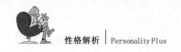

*互补组合

权威急躁型/完美忧郁型是互补组合,这种组合很相配,能相互取长补短,弥补各自性格中的不足。权威急躁型/完美忧郁型能成为最佳商人,因为他既有权威急躁型的领导力、进取心和目标,又有完美忧郁型的分析能力、细节意识和一丝不苟的头脑,所以他是无与伦比的。对这一组合来说,没有什么是做不到的,不管花费多长时间,他们都会成功。如果他们决心塑造伴侣,他们就会坚持不懈,直到有一个完美的结果为止。

一位名叫路易丝的可爱女士对自己的性情感到很困惑,于是我问她在大学里表现如何,她的表情立刻变了。当她告诉我她曾担任拉拉队队长,并经投票被选为最具成功潜力者时,她一扫矜持拘谨,变得容光焕发。她是在男朋友的引导下开始改变的,后来她与男朋友结了婚。他是一位权威急躁型/完美忧郁型,决心重塑女友。当时他在研究生院学习,他把她信中的拼写错误用红笔圈起来,再寄回去给她学习。每次回家,他都会和她进行拼字比赛。凭着用心良苦和持之以恒,他终于将活泼的拉拉队队长塑造成了严肃、高贵的女演员,但她已找不回原来的自我了。

权威急躁型/完美忧郁型果断、有条理、目标明确,因此这一组合最有进取心和决心,能始终不渝地追求一项事业。如果方向正确,权威急躁型/完美忧郁型会成为最成功的人;但如果走向极端的话,他们的优点却会变成专横和傲慢。

另一种互补组合是可爱乐观型/平和冷静型。权威急躁型/完美忧郁型以工作为重,而可爱乐观型/平和冷静型却倾向于寻求轻松有趣的事。这一组合具有幽默随和的双重个性,使他们能成为别人最好的朋友。他们热情、轻松的天性很吸引人，人们喜欢与他们相处。平和冷静型调节着可爱乐观型起伏不定的心情，而可爱乐观型又使平和冷静型变得活跃。这是最适于与人相处的组合。因为他们融合了可爱乐观型的幽默和平和冷静型的稳重，所以他们善于做人事工作，是称职的父母和城市领导。不幸的是，可爱乐观型/平和冷静型的另一面却是懒惰、没有创造欲和计划，以及缺乏理财能力。因此，每种性格组合都有振奋人心的优点和相应的缺点。

*相反的性格

我们已看到了自然组合和互补组合，现在，让我们看看相反的性格。可爱乐观型/完美忧郁型和权威急躁型/平和冷静型如果是在同一个人身上，那显然内向和外向气质之间以及乐观和悲观的看法之间会产生内部冲突。可爱乐观型/完美忧郁型是两者中最容易感情用事的，因为同一个人，既要去调节可爱乐观型的情绪波动，又要顾及完美忧郁型的深远创伤，这种分裂个性会导致情绪问题。可爱乐观型的天性会说："让我们去寻找乐趣吧。"而在途中，完美忧郁型的天性却会检查事情的进度。

一位这种类型的女士告诉我，她计划为父母筹办结婚周年晚会。她的可爱乐观型个性想出一些好主意：包括精美的邀请函、丰盛的晚餐和一个乐队。但在晚会前两天，她的完美忧郁型个性在头脑中占了上风，反问道："你搞这么大个晚会到底是要干什么？赶快打退堂鼓吧。"所以她取消了晚会，父母很失望，她又为此消沉了好几个星期。

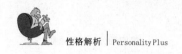

*工作还是不工作

我们对有这种相反性格的人作了深入的案例研究，发现这些自相矛盾的事往往是过去所受伤害的反应，我们称之为"生存面具"。有的是完美忧郁型孩子为了寻求父母的关爱而戴上可爱乐观型的流行面具；有的是可爱乐观型孩子由于被辱骂、被虐待而变得消沉，并戴上完美忧郁型的痛苦面具。许多在"问题家庭"中长大的孩子戴上了完美忧郁型的完美面具，他们认为："如果我表现好，爸爸就不会打我，妈妈也不会对我吼叫。"由于酒精、毒品、拒绝、性虐待、感情虐待、极端信奉宗教律法等原因产生了形形色色的"问题家庭"，在这些"问题家庭"里成长的孩子，都会戴面具掩饰自己的个性。他们不知道要如何与这些矛盾抗争，为了生存，他们不得不改变自己的性格。

成年后，他们显示出分裂性格，他们不了解自己为什么会有这种极端摇摆的情绪。不管别人是否激励他们去工作，他们总在想：工作还是不工作呢……虽然权威急躁型/平和冷静型的相反个性不会导致相同的紧张情绪，但他们确实有"工作还是不工作"这一最大的冲突。平和冷静型想要轻松，而权威急躁型如果不做事就会感到内疚。对这一问题的自行解决方案常常是把生活分成两段——对工作努力，但在家里却很懒。

权威急躁型在工作中会竭尽全力，但在家里却显得筋疲力尽，连手指都抬不起来，或者他觉得根本就不值得去做家务。平和冷静型在别人的动员下，也会像权威急躁型一样勤奋努力工作，然而，每天回家后他也要彻底放松。

如果你似乎是这种组合，不妨问问自己，你是一个在家里很低调的权威急躁型,还是一个有动力才工作的真正平和冷静型。

　　如果对这个问题似乎没有满意答案的话，可能你正戴着生存面具,还没意识到童年的一些痛苦正影响着你的成年生活。一个权威急躁型孩子,如果在一个父母经常吵架、打架的家庭里长大,他很快就会看出对他而言,最好的办法就是掩盖他的控制欲,并保持安静。在家里,如果权威急躁型孩子对自己的衣服、房间、宠物、学习科目、事业或伴侣都没有任何选择权的话,那么他就会明白要么当"坏孩子",通过抗争取得一些控制权;要么就放弃,接受权威,直到自己长大后离开家。被辱骂的权威急躁型孩子会自言自语:"我现在保持沉默;但离开家后,谁也不能再控制我。"任何一种类似情况,都会使权威急躁型孩子戴上平和冷静型面具。成年后,他会在控制和服从中举棋不定,还不知道自己为什么会这样。

　　平和冷静型不想要控制权,他们常常表现很好。为什么这类孩子会戴上权力和负责的面具呢？因为他只要看看家庭情况,发现没人管的话,就会想:"应该有人来管管这个家,使它温馨和睦。"在单亲家庭中,缺失了的那一方的责任往往会落在某个孩子身上。如果这孩子是平和冷静型,突然发现自己成了"家中的男子汉",他就会戴上权威急躁型面具,扭曲自己的低调个性,开始负起责任来。成年后,当需要时,他也会负起责任来,并不知不觉地变成其他个性。但他将终身感到筋疲力尽,却不明白自己内心为什么会这样地被撕裂煎熬。

　　如果你发现自己带有这些相反的性格,那么可以想想你童年的感受,看看上述解释对你是否有意义。如要进一步研究,可阅读《你的性格之树》,特别是其中有关戴面具的章节,还可读读《从被束缚的记忆中放飞你的心灵》。

　　如果你发现自己"各类性格都有一点",那就有几种可能性。或许你的测试结果不对;或许你不明白一些词的含义(参见 209 页的词语定义);或许你是平和冷静型,很难做出决定;或许你很完美,正在被提拔;或许你在童年时备受管制和压抑,以致你都搞不清自己究竟是怎样的一个人了。

　　无论你的性格概况测试结果如何,都请记住这并不是为了给自己贴标签,最重要的是要了解自己性格中的优点和缺点。

第十三章

我们不想被束缚起来

当我在性格解析研修班上讲授气质理论时，有人会问我："你是不是要把我们放入小盒子里？"通过对这个问题的反复思考，我逐渐意识到我们其实已经在自己的小盒子里了。在生活中遇到任何事，我们都会用自己的常规方法去应对；我们只做到自己感觉舒服的那一步。在大门开启前，我们不会爬上活动墙，从缝隙中偷窥一下。

*最初的盒子

当我们出生后，立刻就被放入了自己的小

盒子里。我们被围在狭小的空间,随着轮子的旋转,被推到一扇窗前,慈爱的亲戚俯视着我们的盒子,看着我们无助的样子。我们被紧紧地包在襁褓里带回家,然后被放在我们的新盒子,即一张带保护栏杆的婴儿床里。要外出的话,我们会被放在一个篮子里,或被绑在婴儿座位上——即便在超市,为安全起见,我们也会被放在购物车里。然后,我们移向了更大的盒子,被放入游戏围栏里,这使我们只能呆在自己的地方。以后,我们被允许在自己的房间里游玩,但门口有一道门拦着。随后,我们逐渐胆大起来,拥有了进入围着篱笆的后院的自由。学校的各个年级都有各自的教室,一年到头,我们仍被老师安置在一个受保护的空间里。

我们在盒子里成长,甚至在我们迈向更广阔的世界后,我们仍带着自己的隔离墙。当我第一次有了大学室友时,我俩就被放入了同一个盒子里。但几天后,我们又在中间树起一堵无形的墙。我们对床单、墙上的贴画或家务事都意见不一,所以我们在瓷砖地板上贴了一条遮蔽胶带,每人各占房间的一半。相互避开,使我们又制造出令自己感到安全的盒子。

气质理论的概念不是要把我们束缚起来,老老实实地把脚踏在水泥地上,而是要帮助我们看清自己是在一个什么盒子里,应怎样从里面钻出来。当我们意识到自己是如何被最基本的缺点所束缚时,我们就可以渐渐打开大门,并敢于漫步到隔壁的院子里。人们学了性格理论后,常常有这样的评论:"它解放了我,使我找到了真正的自我!"随着对自己的了解,我们恢复了真正的天性,自然而然地会对那些看问题跟我们不一致的人以及生活方式跟我们截然不同的人有新的认同。

*当我们结婚时

我们每个人都花费了多年时间来营造自己的盒子，用自己的战利品来装饰它，这真是一个奇迹！而当我们与某个有着不同盒子的人结婚时，为什么却奇怪地不能自动适应对方呢？

来自不同地域的我们走进了婚姻，还在蜜月中，我们就想知道伴侣需要多长时间才能适应我们的生活。我们可能睡在同一张床上，但却在自己周围树起了樊篱。

一位向我咨询的女孩给我讲了个故事：西尔维亚是名端庄文雅的完美忧郁型。她的头发、化妆和指甲等处处都显得很完美。她是位空中小姐，在一次跨国飞行中遇到了她英俊的丈夫巴德（Bud）。巴德可爱乐观型的个性和循循善诱的口才使她一见倾心，他们认识几个月后就结婚了。西尔维亚已装修并布置了西海岸的一套公寓，所以她觉得婚后两人同住这套公寓是自然而然的事。巴德与三个男人合住一套公寓，没有多少家具，他同意搬到西尔维亚的公寓来住。

度完蜜月后，在西尔维亚去上班的第一天，巴德解释说他要回以前的公寓拿一些东西。晚上，西尔维亚回家后，简直无法相信眼前的一切。巴德搬了"一些东西"来：几张滑雪的海报钉在了毕加索油画旁；一张丑陋得似呆头象的豆袋椅耷拉在"安妮女王"沙发旁；厨房的台架上有一个霓虹灯标志在闪烁，那是百威啤酒的赠品。

西尔维亚爱巴德的男子汉气概，可她真没想到他会带着他的盒子一起过来。

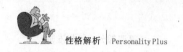

*了解自己的基本性情
不要把自己束缚起来

它在我们的保护墙上开了一道门；它使我们能真正地接受自己和他人，它还教我们如何预防问题，并在问题还未发生前处理它们。如果在小事演变为危机前，我们就能妥善处理它们，那么可以化解多少悲痛啊！当我们回顾反思时，如果了解自己和别人的性情，就能使我们有能力处理未来的事务。在我们了解某人的性情后，就能预见他对不同情况的反应，并在伤害发生前，用最便捷的手段去预防伤害。

*承认你的缺点

自我提高的第一步是发现并承认你的缺点。如果我们拒绝检查错误，那么就不会对错误采取任何积极的手段。承认多年以前曾做过错事的确令人感到羞耻，但这是成长的第一步。不成熟的人会因为没能实现理想而责怪他们的父母、伴侣、孩子、朋友和周围环境，可是成熟的人会自我检查，发现错误，并着手改正它们。

为了找出我们行为方式的原因，很有必要回顾一下我们童年时所受的痛苦和被排斥的情形，但这并不是为了找到可责怪的对象，而是为了找到自我理解的方式，并开始我们的康复过程。

在"戒酒匿名互助协会"里，要求每个人都站起来，报出姓名，并说："我是一名酒鬼。"如果一个人不能用语言承认自己的错误，那他就无可救药了。不承认缺点的话，也就不可能克服它。如果有一个"性格匿名互助协会"，我们也会不得不站起来说：

我是个有魅力的可爱乐观型,但我会说个不停。

我是个敏感的完美忧郁型,但我容易沮丧消沉。

我是个生气勃勃的权威急躁型,但我专横且没耐性。

我是个随和的平和冷静型,但我缺乏热情。

从承认缺点开始,我们就找到了正确方向。

*做一份个人计划

现在你已了解了四种基本性格并给自己打了分,发现了你天生的性格组合,你应该准备分步骤发扬优点,改正缺点,那么看看你的性格概况吧。

*评估你的优点

可爱乐观型和权威急躁型都能很快看出他们的优点,并迅速认同这些优点;但完美抑郁型和平和冷静型由于天性悲观,在认可自己的优点前,总要想一会。不论你是何种性格,请实际察看一下你的性格概况,找出你与别人相处时最重要的三个优点,并把它们列出来:

_____

_____

_____

(如果你正跟家人或一群人一起做这项研究,那么大家可以讨论彼此的优点,用真诚的赞美来相互鼓励。)

看看你的优点,请感谢上苍赋予你的能力,并接受它们。那些倾向于向自己灌输“我一无是处”的人应立刻改变这种态度。你肯定有优点。你所谓的"伪谦虚"其实并不可取,这会强迫别人要坚持不懈地抬高你,会使人逐渐厌烦你,并试图回避你。如果要保持低调的自我形象,这并不是一根必不可少的拐杖。你不必再感到自己毫无用处。每个人都既有优点又有缺点。上苍创造了你,你"仅比天使矮一点而已",不应该为自欺欺人的谦虚而浪费时间。

看看你选的三个优点。感谢上帝,别忘了你有自己的价值。再想想你有没有竭尽全力发挥这些优点呢?我在性格解析的研修班上讲课时,每个人都列出了自己的才能,大家都为自己尚未发挥的优点而感到惊奇。因此,许多人都有潜能和未被利用的才干。

一些人仍在蹒跚迟疑,因为在孩提时,他们就被告知:你从来都做不好,你没有天分,你会损坏你碰过的任何东西。请抛弃这些过去的伤害,开始充分发挥你的优势吧!

*评价你的缺点

完美抑郁型和平和冷静型可能会很难找到自己的优点,而可爱乐观型和权威急躁型却很难发现自己的缺点,他们最大的缺点之一就是觉得自己没有缺点。不论你是何种性格类型,请深思熟虑,真实地想想你的缺点,并列出三个最需要改进的缺点。

_____

_____

_____

如果你确实渴望自己能受人欢迎,那就向别人寻求一些帮助吧。

*征求别人的意见

要敢于问别人："如果我打算改善性格，你觉得我应该从哪方面着手呢？"然后就开始做最难办的事。要倾听！

不要说别人发疯了。不要自我保护地说："嗯，你更差劲。"不管别人说什么，都要感谢他们，再仔细反思。经常有人主动给我提一些建议，把《基督之爱》上的一些建设性的批评记在纸条上传给我。我从不会为这些建议而愤怒，我已学会了认真反思，找出里面真实的东西，尽力去改进，而对其余的就不予理睬。在最偏激的意见中，也会有一些真理的基本元素，当我们能够用尊严和感恩去接受那些看似批评的建议时，我们便成熟了。

*按步骤进行自我完善

看看你选的要改进的三个缺点，列出你确实能做到的改变方式。

_____

_____

_____

承认你有缺点只是第一步，但这还远远不够。

你能为改善人际关系做什么呢？可爱乐观型应学会把谈话削减一半，忍住别多说话。完美忧郁型在听到对他们的消极评价时，可以避开。爱挑剔的权威急躁型可以强迫自己听听别人的意见。平和冷静型可以假装热情一些，直到这成为自然的习惯。改变是痛苦的，但不改变的话，我们就不会进步。

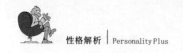

*向家人求助

没有比好学的精神更令人欢迎了——要请别人纠正错误,并怀着感激之心来接受。当我训练玛丽缇如何演讲时,她愿意向我学习,并虚心接受我的意见,因此我一直都在鼓励她。我可以向她提建议,她会感谢我并把我的建议付诸行动。谦虚好学是珍贵的美德。

如果你也有这种精神,那么最简单的方法就是先问问你的家人你需要如何改进,否则在求教前,你就得先祈祷上苍让自己拥有这种精神。要知道,你的家人一开始可能也不会认真对待你。如果家人对你感到怀疑的话,那可能是因为他们以为你是随便说说的。过去,你可能已在自己和别人中间树起了一堵墙,所以他们不敢对你说真话。

如果你主要是可爱乐观型,那么你的家人知道你没多少毅力能坚持超过一天的改变,你只愿听赞扬,希望远离问题和批评,你并不是真心想改正错误。他们可能会说:"你做得不错。"如果你是典型的可爱乐观型,就会说:"噢,太好了!那我就不用改了。"在家人相信你之前,你要表现出希望改进的真正决心。

如果你是完美忧郁型,由于你的情绪已长期影响了家人,那么家人可能不敢说你的缺点,以免使你陷入消沉。他们宁愿容忍你的错误,而不愿冒险告诉你,使你不知不觉流露出受伤害的悲哀表情。你只有在逆境中微笑,在风雨中歌唱,才会得到家人的配合。

如果你是权威急躁型,你可能已在用铁腕控制着家人,家人怕你勃然大怒而不敢与你争论。在提出问题前,你应该先说:"请给我诚恳的建议,我保证不会生气。我真心实意地想变得更好。"(观察他们眼中的震惊和怀疑！）

如果你是平和冷静型,且不知道自己需要改进什么缺点,那么可以把整张清单放在大家面前,请他们帮你挑错。他们可能会不太认真,因为你过去常常拖延——许多事不知何故都半途而废。你需要表示出坚定的决心来寻求他们的合作。

*鼓励坦率的意见

当我们花时间考虑如何与别人交往时,会意识到自己很少鼓励别人坦率地给我们提意见。我们在自己周围树起樊篱,人们深知与我们的樊篱应保持距离,并与我们建立了可能是完全虚假的工作关系。为了家庭和睦,你的家人是否不得不迁就你?你的同事是否知道要怎样与你相处,才不会使你喜怒无常或闷闷不乐?如果人们不得不敷衍你的话,恐怕你就得坦诚对待他们,并请他们也坦诚对待你。

许多对夫妇告诉我们:当他们坐下一起查看性格图表时,才进行了多年以来首次有意义的讨论。一位妇女说:"我们在一些问题上彼此设防,我俩都戴着面具生活。当我们坐下讨论性格图表时,我们第一次说出了自己的缺点。这些页面仿佛会说话似的,我们不再彼此生气。所以,性格理论使我们开诚布公地交流了。"

有的人筑起了厚厚的心墙,以致无人能了解他真正的内心世界。他们这样做的原因通常是害怕"如果你真正了解我的内心,你就不会关心我了"。让我们从面具后面站出来,勇敢地去改变吧。我们不必被过去的失败所束缚;我们要快步踏入充满机遇的未来。

第十四章

异性相吸

我们都听说过异性相吸的说法，而我和佛瑞德的结合就是这一说法的最好例子。在我们一起探索性格理论的岁月里，我们很少发现同一种性格类型的人会相互结婚。当我们观察每个人的优点时，会发现如果把性格截然相反的人组合在一起，就能创造更大的财富。可爱乐观型的快乐心情可以感染完美忧郁型，而完美忧郁型的井井有条也会带动可爱乐观型。当我们审视我们的婚姻，能明白一方的优点正好弥补了另一方的缺点时，我们就会感谢彼此之间的差异，不再试图去改造对方。

*可爱乐观型/完美忧郁型的关系

　　结婚前,我们倾向于只看对方的优点。我们觉得只要对方有机会与自己这样善于激励别人的人生活,那么对方表面的那些缺点就会很快消失。但我和佛瑞德通过学习,明白了这种自动改变并不会经常发生。

　　当我们初次见面时,佛瑞德就被我的可爱乐观型性格所吸引。由于他不喜欢在社交场合闲聊,所以他觉得如果我俩结婚的话,我就能代他与人聊天——我的确这么做了!而我从佛瑞德身上可以看到完美忧郁型的深沉和稳重,我觉得他可以引导我的生活,使我更有条理——他确实也做到了!

　　我们被对方截然不同的优点所吸引,尽管当时我们并未意识到这一点,但其实我们都在寻求弥补自己性格中欠缺的东西。我俩都是追求完美的人,因此觉得我们的婚姻自然也会很完美。我们从未想过婚姻会出什么问题;但是,事实证明,这种满怀希望的想法是不切实际的。

　　让我们来剖析一下我俩之间很快就发生的一种冲突:时间安排。结婚前,我每天要到五所不同的高中授课,在佛瑞德根本不在场的情况下导演话剧。我觉得自己做事很有条理,但当我们去百慕大群岛度蜜月时,佛瑞德就开始制订时间表,以免我们浪费这一轻松的假期。他觉得参观古老的堡垒可能会使我们受益匪浅,于是在读完几本群岛历史的宣传册后,他设计了我们的行程。

　　为有效走完这一行程,他为我们租了电动自行车。当他还在读自行车附带的说明书时,我便在不知如何停车的情况下启动了车子,并撞上了突然出现在我面前的、路障似的一堵石墙。车主尖叫着冲过来,看到我坐在一堆乱铁上,自行车的前轮和后轮已叠在了一起。佛瑞德感到跟这么一个傻乎乎、毫无计划、就会惹麻烦的人在一起很丢脸。他给我上了一课,开头的一句话后来我很讨厌:"人人都知道……"他使我认识到冲撞石墙的行为是愚蠢的,付了损失费,并帮我登上一张新车。当他查阅自行车的零件说明,看看它们是否浅显易懂能使初学者明白时,我就只能老老实实地坐着。

在这次意外事件中,我懂得了:

佛瑞德聪明——我蠢笨

佛瑞德强壮——我柔弱

佛瑞德正确——我错误

我不喜欢这些结论,但 15 年来,生活中的许多事都提醒我它们是正确的,直到我们了解了性格理论。然后我们都发现彼此仅仅是个性不同,但谁都没有错。

*痛苦需要分担

在我们搭乘"海洋君主"号轮船从百慕大群岛返回时,佛瑞德离开海港后就晕船了。他躺在床上呻吟着"我真想死"。我一向讨厌病人,所以我对他病恹恹的样子避而不见。那时我俩对性格理论都一无所知。由于我没有呆在船舱,把凉布放在佛瑞德额头上,并对他表示同情,他心都碎了。完美忧郁型喜欢同情别人,愿意与病人在一起,并认为所有正派的人都应该善待病人。

我因佛瑞德毁掉了"爱之船"上的好时光而烦恼,我对他说了一些安慰的话(以使自己的良心安宁),然后就离开去找快乐的事了。佛瑞德没有意识到可爱乐观型讨厌疾病,会回避一切不愉快的事,而只关注有趣的事和活动。

*时间表？什么时间表？

度完蜜月回来一星期后，我们去看电影，看完后我建议："为什么我们不去霍华德·约翰逊店买蛋卷冰淇淋吃呢？"我觉得这是个绝妙的好主意，但佛瑞德却反驳说："这不在我的时间表内。"

"什么时间表？"

"我每天早晨7点制订一个时间表。如果你晚上11点想吃蛋卷冰淇淋，那你得在早上7点告诉我，这样我才能把这事列入时间表。"

"今早7点时，我可不知道自己在晚上11点会想吃蛋卷冰淇淋啊！"

我们直接回家了，我知道这桩婚姻不会有多少令人开心的事了。

从一开始，我俩就因挤牙膏产生了矛盾。佛瑞德觉得必须从牙膏管的底部整齐地往上卷，而我只是抓起牙膏就往外挤。他不断清理我挤过的牙膏，清洁牙膏盖，但我根本没注意到他做的事。可爱乐观型和完美忧郁型结婚后，经常会发生的冲突是：可爱乐观型不知道她错在哪里，而完美忧郁型也不把问题讲清楚。他只是悄悄地修补受损的东西，以为可爱乐观型通过观察迟早会明白的。但可爱乐观型并未领会这一暗示，当然也就不能无师自通地处理好相关问题。当完美忧郁型觉得他必须宣泄一下时，那他的情绪必定非常紧张，以致双方会爆发激烈的争吵。如果了解了性格理论，那么这类矛盾是可以避免的。完美忧郁型先应判断这是不是个大问题，然后在想吵架前就要毫不犹豫地说出来。可爱乐观型要尽量正确做事，而完美忧郁型也不要过于吹毛求疵。

佛瑞德后来给我单独买了牙膏，允许我用老办法随意去挤牙膏,这才解决了我们的挤牙膏问题。

性格迥异的人的确会相互吸引,当我们关注彼此的优点时,我们能和睦相处;但当我们不了解性格理论时,我们容易关注缺点,并觉得"跟我不同的人"一定是错的。

一对向我咨询的夫妇就有典型的可爱乐观型/完美忧郁型问题。查克(Chuck)是喜爱社交、对人友善的推销员,说起话来很风趣。米里亚姆是完美忧郁型,她告诉我她对查克一见倾心,因为查克充满自信,而她却缺乏安全感,在社交场合心神不宁,常常离群独处。她眼里的查克随和、英俊、富有魅力、健谈、睿智,而这些优点都是她所缺乏的,所以她觉得查克可以弥补她的不足。

当米里亚姆找我咨询时,她正陷入深深的忧郁之中。她憧憬着完美的婚姻,但查克一直都在犯错。她常常按时准备好晚饭,但查克却经常很晚才回家,她把这视为一种人身侮辱。更糟的是,就算他回来了,他还不觉得自己来晚了。由于她上班时不忙,老是看钟等下班,于是她就想当然地以为查克上班也是混时间,并觉得查克是故意晚回家的。可是她不想引起摩擦,也就不曾与查克对此进行过沟通。

她注意到查克毫无条理,常常丢失钥匙。她买了一个钥匙挂钩,放在前门旁边,希望能引起查克的注意。但查克没有发现,于是她很生气,查克却觉得莫明其妙。最后,当她告诉查克她生气是因为查克没有发现专为他买的挂钩时,查克却说她太可笑了。于是她再一次生气了。

在跟查克一起参加了几个晚会后,她觉得查克只会反复说那几个笑话。她不喜欢变化无常,但她也不喜欢再三听相同的老掉牙故事。一天晚上,查克讲了个不完全真实的故事,她吃惊地意识到丈夫是个说谎者。她提示丈夫他所说的不完全是真的，查克却反问:"这有什么区别呢? 大家都笑了,难道不是吗? "

当我跟查克交谈时,他从自己的角度对我敞开了心扉。他快乐而风趣,我可以看出为什么米里亚姆会爱上他。他们的问题其实和大多数不和睦的夫妇是一样的,查克觉得如果米里亚姆能轻松一点,那么一切都会正常。

"米里亚姆是位甜美、温柔、害羞的女孩,我爱她的这些性格——但自从我们结婚后,她有一半的时间都在忧郁之中。她以前觉得我很有趣——大家也都这么认为——但现在她叫我说谎者,并要求我讲的每一个故事都必须跟平淡的事实相符。

"她是位优秀主妇,实际上已不太理智。如果我刚放下杯子,她就会飞奔过来把它拿到厨房。我们的客厅买了新家具,为避免褪色,她在家具上盖了床单。我感觉自己就像坐在太平间里一样,真令人毛骨悚然。

"如果我晚回家10分钟,她就会沮丧。她似乎不明白我是位推销员,在别人没签字前,我不得不待在那儿。我好像是娶了一位母亲,而我则是那最坏的小男孩。"

我们该如何开导查克和米里亚姆呢? 如果当事人能退后一步,客观地看待一些事,那么许多问题就能迎刃而解。于是我给了他们俩人一套《性格解析》的磁带,并告诉他们要俩人一起听完磁带后才能来见我。一星期后,米里亚姆打电话给我,她的声音听起来就像换了个人似的:"我能过来吗? 我们一直在听磁带。"

以下是她告诉我的话:

我觉得我太笨了,竟找不到自己的问题。一起聆听磁带使我们恍然大悟,我们都听到了类似自己情况的例子。查克领悟到我并非想当他母亲；我只是位希望一切都美好无瑕的完美忧郁型。于是我们第一次开始坦诚地交谈。我意识到从未告诉过他我的感受，我一直希望他能自动看出我的想法，如果他看不出，我就会垂头丧气。我们开始仔细检查彼此的差异。以前我 6 点钟就准备好晚餐，我觉得这一时间是正常的。但他从未在 6:30 以前回过家——这使我很难过。于是我把晚餐时间改到 7 点，这样我们在晚餐前甚至能用几分钟放松一下。我明白了即使一切都按部就班也不会得什么大奖。

查克知道钥匙钩挂在那就开始用了。我后悔自己白白浪费时间等着他去注意我做的好事。磁带里谈到的可爱乐观型讲故事这部分，使我意识到他们更重视听众的反应而不是准确度。查克并不是在撒谎，别人对此都不在意，只有我在耿耿于怀。我喜欢他能使大家感到快乐，于是决定让他以自己的方式去讲故事。除非他发表能引起第三次世界大战的煽动性演讲，否则我不会再纠正他了。

听了磁带后，查克问是否能将家具上的床单拿开，因为这会使他感到家里就像殡仪馆一样。以前当他批评我做的家务时，我会感到很受伤，但现在我能微笑着帮他把床单拿开了。如果 10 年后椅子退色了，我们可以再买新的。

感谢您让我们听了磁带，这使我认识到自己曾是多么严肃乏味，而查克跟我在一起是多么枯燥啊！现在我们会讨论相互间的差异，并为此开怀大笑。

当我们了解了别人的性格，并不再试图让别人跟我们一样时，就能惊喜地发现别人也有很大改善。如果我们能学会接受别人的不同点，让他们保持本色，那将是多么可喜的事啊！

可能你们都已听过与之相似的例子了，可能你自己的生活还比这更加好事多磨，可能你会想：如果她觉得这对夫妇有问题的话，那就应该听听我的故事！每个人都会觉得自己的故事更坎坷一些，这类普遍存在的故事极具个性色彩，但理解个人的性格可以帮助我们在问题失控前就解决它。

*权威急躁型/平和冷静型的关系

平和冷静型不愿被人催促，如果只剩他们自己的话，他们就不会考虑去做自己承诺要做的事。我朋友多蒂(Dotty)是权威急躁型，她试图不操心家里的事，而让她丈夫刘易斯来做一些重要决定。在讨论度假计划时，刘易斯选了海滨的某个旅游胜地，并由他来预订房间。每次多蒂问他是否订了房时，他都说准备好了就去订，还让多蒂不要这么唠唠叨叨。他们出发的那天，多蒂满怀希望地鼓起一丝微笑，温柔地问道："我想你肯定已订好了房间。"刘易斯却垂头丧气地说："酒店总会有退房的。"多蒂大发雷霆，但他们还是驱车去了圣地亚哥，一路上互不搭理。

但当他们向接待员要求订房时，接待员嘲笑说："你们想在八月的海滨胜地找到房间？别开玩笑了，全城都爆满了。"

"这真是太无礼了。"多蒂告诉我，"但刘易斯接着就转过脸来对我说：'你该提醒我打电话预订的。'我简直气疯了，不禁放声大哭，狂奔到车旁，把拳头重重地砸在挡泥板上。我发誓再也不指望他了。"

最后，他们在一家通宵餐车饭馆旁的破旧汽车旅馆里找到一间房，刘易斯在凹凸不平的床垫上很快就进入了梦乡，多蒂却怒气冲冲地躺着，一夜无眠。

早上，刘易斯说："虽然这不是什么豪华的汽车旅馆，但给我们

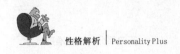

省了不少钱。"

不幸的是,这正是权威急躁型妻子及平和冷静型丈夫"旋转木马"式生活中的典型一幕:丈夫不想在压力下做事,并把这告诉了妻子。于是妻子尽量忍让,也不去督促丈夫。可丈夫忽视自己的责任,把事情办砸了。妻子很难过,明白自己以后不能再相信丈夫了。她收回控制权,丈夫逢人就说妻子对自己吹毛求疵。最终,妻子成了家中的"顶梁柱",而丈夫则成了典型的"妻管严"。

*修补伤害

要修补这类问题,这对夫妇首先要懂得他们的性格有冲突,并一起保证从极端回到中点。不论男女,可爱乐观型都应让自己的生活更有条理,完美忧郁型也要认识到这对可爱乐观型来说是很难的。完美忧郁型要降低自己的标准,就算发现爱人不是十全十美的完人,也不要沮丧。

权威急躁型要让平和冷静型来做决定,并负起责来,平和冷静型要好好地贯彻始终,这样,权威急躁型就不会收回控制权了。平和冷静型应强迫自己设计一些有趣的活动,而权威急躁型则应在工作之余,抽时间去享受这些活动。

所有的这些行动都要付出努力,但唯有如此,婚姻中的两个人才能过相对独立的生活,直到有一天,他们中的一人决定离开。

希望是有的!我和佛瑞德曾尽最大努力来调和我们的婚姻。我不得不学会了有条不紊,而佛瑞德则不得不变得更风趣,我们尽心尽力地去做好一切。参加过我们研修班的许多人都曾写信给我,说性格知识使他们受益匪浅。

性格在婚姻中融合,"只有你与另一人融合在一起时,才能取得完全一致……爱就是一种性格与另一种性格共处时的流露。"

奥斯瓦德·钱伯斯

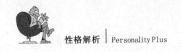

第十五章

我们可以认识别人的
不同之处

通过对四种性格理论的学习,一旦我们认识了自己,我们就能迈入一个全新的、积极的人际关系世界。我们可以采纳学过的原理,并在实际生活中运用它们。

我们会了解——

可爱乐观型擅长:

· 热情待人
· 富有激情地表达想法
· 成为关注的焦点

完美抑郁型擅长：

·处理细节和深入思考

·保存记录和图表

·分析难题

权威急躁型擅长：

·处理需要迅速决策的工作

·现场指挥需要立即完成的工作

·在需要权威和强有力控制的领域工作

平和冷静型擅长：

·扮演协调和团结的角色

·在风暴中镇定自如

·从事枯燥乏味的日常事务

当我们了解性格原理后，就应该制订计划，运用这些知识来提高你与别人相处的能力。每种性格的人在身体语言、说话方式和社会行为上都有其独特的风格。当我们开始认识不同性格的人并观察他们时，我们会发现当某人走进房间时，我们就能识别出其性格特点。我们绝不能运用这些知识来判断别人或给别人贴标签，但在与人相处时，这些知识能帮助我们改善人际关系，并预测别人的反应。

*可爱乐观型

可爱乐观型参加晚会时总是张着嘴，寻找着听众。他滔滔不绝地讲着,手总在动个不停,希望引起别人注意。如果可爱乐观型不得不坐下的话,他会扭来扭去,用脚打拍子,用手指嗒嗒地敲击——就是不会老老实实地坐着。

他不会静静地休息和放松。他总在寻找下一名听众,当你与他正讲得兴致勃勃的时候,他却会跑过去与另一个刚刚进来的新朋友交谈。他甚至意识不到对别人的讲话心不在焉也是一种失礼。在晚会中,可爱乐观型会在几群人中窜来窜去,所到之处,掀起阵阵声浪。可爱乐观型一进门就会给人以拥抱、亲吻、尖叫和欢笑。他讲话时,会用手牢牢抓住听众,以防在讲到高潮前听众就溜走。当你看到一位大嗓门、健谈、充满活力的人蹦进来时,他很可能就是可爱乐观型。

可爱乐观型谈话时极尽渲染,往往与真相背道而驰。因为他觉得如果要把一个乏味的故事讲给别人听,就必须加以修饰,才符合逻辑。这样,别人听起来也会有趣得多。

不论可爱乐观型说什么,都是夸大其词和华而不实的,但听起来却引人入胜。一旦你发现了可爱乐观型,要迅速做决定。如果你想寻开心,就留下;如果你想自己讲,就要快速溜到另一间房,找个惯于久坐的平和冷静型来倾听你的谈话。

*权威急躁型

权威急躁型与可爱乐观型一样很难闲下来,他会坐在椅子边,随时准备开始行动。权威急躁型觉得闲聊是浪费时间,如果谈话不是针对生意或他可以处理的事的话,他就宁愿不谈。当权威急躁型看到想要的东西时,问都不问就会伸手去拿。在此过程中,他很可能会打翻餐桌中间的装饰品。

权威急躁型似乎无所不知,如果你需要了解某事,他会很高兴地告诉你更多的东西。他说的话不容置疑,还把别人都看作是大傻瓜。由于他酷爱争论,所以在社交场合最好同意他的意见,否则的话,即使你是对的,他也要证明你是错的。你会觉得很难逃脱他的纠缠,他会尾随你到车上,详细地向你解释他的逻辑,直到你心悦诚服地同意"黑的是白的"为止。权威急躁型常常会说下面这些话:

"我告诉过你要这样做。"

"小心,你这傻瓜!"

"绝对没有。"

"显而易见。"

"只有白痴才会这样说。"

"你怎么啦?"

"你难道什么都没学过吗?"

"如果你的头脑能保持一半冷静的话,你就会看出我是对的。"

一旦你学会了辨别权威急躁型,就会知道在社交场合要如何与他们交往。可以问他们一些难题,公开称赞他们的答案令你印象深刻。对他们所说的生活真理要巧妙地频频点头,这样他们就会牢牢记住你这位聪慧的谈话人。

*完美忧郁型

与可爱乐观型和权威急躁型的喧嚣、隆重登场正相反,完美忧郁型是悄悄进来的,一点也不显眼。他希望没人注意到他,完美忧郁型妇女还总觉得自己没穿对衣服。完美忧郁型男士无论如何也不会喜欢晚会,他总为自己不得不来参加晚会而感到难过。完美忧郁型倾向于把手插在口袋里,站在一群人边上。除非有人特意请他坐下,否则他不会坐在椅子里。他不想冒犯任何人,也不会因为迟到而给女主人责备他的机会。听到一些可爱乐观型未加思虑而说出的冒失话后,他会变得郁闷,并且整个晚上都不愿说话。一有机会,他就会拉着妻子从前门出去,回到自己安全的家中,还怎么也搞不懂为什么他会是第一个离开的。

完美忧郁型很难接受别人的赞美,面对别人的赞扬,他常常这样回答:

"你喜欢这种旧东西吗?"

"我一向讨厌自己的发型。"

"噢,你这样说啊,真是太可怕啦。"

"我对此一点也不在行。"

由于完美忧郁型常常自惭形秽,所以他还可能说:

"整个项目都没多大希望。"

"就我这运气,只能失败。"

"我永远做不了总裁。"

"从一开始这事就是错的。"

"我很可能会把这顿饭弄糟。"

"我觉得他们并不是真心想让我加入委员会。"

"我知道我穿错了衣服。"

"我从不知道该说什么。"

"我希望我能待在家里。"

一旦你辨认出完美忧郁型，你就可以与之进行深入而有意义的交谈，他会珍视你们之间严肃而真诚的交往。完美忧郁型不喜欢大声评论，也不喜欢别人过于关注他。他宁愿在晚会上只进行一次睿智的交谈，而不愿像可爱乐观型那样在人群中窜来窜去。

*平和冷静型

平和冷静型慢悠悠地进来了，他微微一笑，对这么多人都来参加这个并不重要的聚会而感到好笑。他满不在乎地看了看人群，希望自己能保持清醒。由于他深信一个人能坐着就绝不要站着，能躺着就绝不要坐着，所以他会理所当然地坐到能找到的最柔软的椅子上。他深陷在软垫里，在众目睽睽之下，把身体蜷曲得像一张折叠草皮椅似的。他要轻松自如地度过这一晚，呵欠连天，甚至打起瞌睡。如果平和冷静型漫不经心地卷入了话题，他常会及时地穿插一些风趣的评论。但这么点冷幽默往往并不引人注意，因为他插话时很自然，如果别人不刻意留心，是不能领悟他说的精妙之处的。

由于平和冷静型宁愿松松垮垮，也不愿耗费精力做点有意义的事，加之他也不想推介什么振奋人心的活动，所以他的话多是些无关紧要的老生常谈：

"这有什么关系？"

"哎，命中注定的呀！"

"算了，别为鸡毛蒜皮的事激动。"

"这事一向如此，为什么我们要开始改变呢？"

"为什么要这么麻烦？"

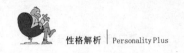

"这听起来真像是在谈工作。"

晚会上,平和冷静型喜欢聚在一起静静地坐着。由于知道大家彼此之间并无所求,所以他们感到舒适愉快。他们还会因大家都能安于现状而感到满足。如果你想寻找不会与你争论的听众,那么就试试平和冷静型吧,你会喜欢他们的。

下次你参加聚会,环顾四周,就会看到可爱乐观型女士正兴高采烈地讲着有趣的故事,吸引了每一位男士。观察一下权威急躁型,他正用坚定的语气告诉别的男士如何做生意,如何才能像他一样成功。再看看完美忧郁型,正端庄而不安地坐着,但男士们已被她温文尔雅的气质迷住了 (而她希望他们不要只会说些甜言蜜语来讨好她)。然后,看看平和冷静型,他轻松地坐在家庭活动室里看电视,希望没人会注意他。如果他的眼睛半睁半闭,自言自语地说"这个晚会毕竟还不算太糟糕",你可别感到奇怪。

性格知识可以帮助我们每个人在社交场合做得更好, 谈吐得体,使在场的人感到愉快,并了解其他人的优点和缺点。从现在起,你就能辨别出空谈者、实干者、思想者和观望者,并从中感受到更多的乐趣。我们都不是一模一样的,这难道不是很奇妙的事吗?

第十六章

如何与人相处

现在我们已分析了自己的优点和缺点，并真心实意地开始了自我完善工作，我们该如何运用这些知识与人相处呢？

一天，小佛瑞德跟我抱怨玛丽塔。他从完美抑郁型的角度，告诉我玛丽塔太吵闹、不严肃也不整洁。"我老要跟在她后面收拾，这真烦人。"我转向他说："你知道为什么上帝会为你安排玛丽塔这个姐姐吗？他希望给你几年时间练习与可爱乐观型一起生活，因为他知道你会与一位像玛丽塔一样的女孩结婚的。"

"我绝不会跟像玛丽塔一样的人结婚的。"

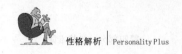
他清楚地说完,就离开了房间。

几天后,当我的可爱乐观型大脑已将这番谈话忘到了九霄云外时,小佛瑞德走进厨房说:"你是对的。"

我不知道他为什么会这样说,但我很激动,因为至少我是对的。

"你是对的,我很可能会跟像玛丽塔一样的人结婚。整个星期我都坐在学校里,观察我所喜欢的女孩,她们都很像玛丽塔。我认为我最好要学会跟玛丽塔融洽相处。"

我没跟玛丽塔提这事,一星期后她问:"佛瑞德是不是想得到些什么?"

"为什么这么说呢?"

"他对我太好了,甚至还帮我从车里搬东西。"

我解释说:"我觉得他很可能会跟一位可爱乐观型姑娘结婚,他也有同感,正从你这开始练习呢。"

在我们开始了解基本性格间的差异后,我们的人际关系压力就减轻了。我们可以正确看待彼此的不同,也不会试图让每个人都像自己一样了。

*可爱乐观型性格

认识他们在完成任务方面有困难

我们希望每一位可爱乐观型都能好好调整并改进自己,但这是不可能的,所以我们最好现实一些。可爱乐观型喜欢新观念和新项目,但他们却很难坚持到底。完美忧郁型做事总是有始有终,并认为每一位聪明人都应如此,因此对可爱乐观型的这一缺点,他们尤其难以接受。可爱乐观型孩子需要有人不断监督,来查看他们是否完成了分配的任务。他们容易三心二意,但其意愿是好的,所以请不要放弃他们。有时,许多母亲感到还不如自己亲自做家务更方便一些,但这种态度会助长可爱乐观型的缺点,并且他们很快就会明白如果他们做得差,别人就不会要求他们再做了。

既然可爱乐观型的成年人也只是大孩子,这条原则同样可以用于他们身上。如果你正在监督可爱乐观型,那么就必须清楚地指导他们,甚至急切一些也行,然后再步步跟进,直到你完全信任他们可以完成这个项目。可爱乐观型适于从事能发挥其特长的工作,而不适合承担有精确时间限制的繁琐任务。

认识他们在谈话前不会先认真思考

完美忧郁型无法理解那些先张开嘴、却不知自己要说什么的人。可爱乐观型会张开嘴后才来找要说的话。他们并不想表现得很轻率,但给人的感觉确实如此。一位可爱乐观型告诉我:“我丈夫说我的大脑就像是一个口香糖球机,所有缤纷的想法胡乱地滚来滚去,当你按下一个按钮,它们就会喷涌而出。”

认识他们喜欢多样性和灵活性

可爱乐观型总在找寻新东西,在令人满意的欢乐气氛中,他们会有最佳表现。如果让他们从事常规的枯燥工作,就无法最大限度地发挥他们的能力。可爱乐观型妇女会想要许多衣服、金钱、晚会和朋友,不甘心过平凡的生活。可爱乐观型男士热衷于新工作,在新鲜感消退前,他会表现出色。如果你想找一位稳重、可靠、保守的丈夫,那么最好不要选可爱乐观型。如果你想要激情、变化和多姿多彩的时光,那么可爱乐观型是你的合适人选。

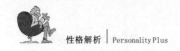

不要让他们答应办不到的事

可爱乐观型热衷于每一个新观点或新项目，什么事都想参加（甚至想当总统），所以他们常常随意承诺。他们对别人很难说"不"。可爱乐观型的意愿是好的，但碰到困难时，他们就会逃之夭夭。所以要帮助他们安排好时间，让他们只接受能够完成的事。但他们的伴侣往往只会等待，直到有一天可爱乐观型终于神经崩溃，从此永不参与任何事情。因此，要理解可爱乐观型需要参与外界活动，且无法拒绝任何人，所以要提前合理地处理这类问题。要把他们的提问铭记在心；称赞他们的超凡魅力；帮助他们拒绝一些可以成为"舞台亮点"的机会。但不能取消他们所有的对外活动。

不要指望他们会守时或记住预约

虽然我曾诚恳告诫可爱乐观型要生活有条理并守时，但我并不指望他们能做到。即使他们早做了计划，但常常会有意外发生。有时他们按时出发了，却又不得不回来取忘掉的东西。

我曾无数次与正牙医生约好要领孩子们看牙，但却失约了。玛丽塔和小佛瑞德仍能牙齿整齐，这简直是一个奇迹！幸运的是，那牙医待在里面的私室，外面是一群穿短裙的年轻姑娘，所以我不用面对他。我敢断定如果你向他打听我的话，他会说我是一个可怜的糊涂女士，有 12 个孩子，智商很低，没有时间观念。

赞扬他们完成的每一件事

在做项目时，可爱乐观型很难坚持到最后，因此要不断赞扬他们，使他们能继续向前。有些其他性格的人不需要这种持续的鼓励，所以他们很难理解赞美对可爱乐观型来说就像食物一样重要。得不到赞美的话，他们就无法生活。

我和佛瑞德刚结婚时，我会清理刀具柜里的杂物，再要求赞扬："佛瑞德,我清理了刀具抽屉。"

　　"是时候了,刀具抽屉是该好好清理一下啦。"

　　得到这样的反应，我就不想再清理刀具柜了。了解我的性格后,佛瑞德意识到鼓励对我非常重要,并学会了称赞我。现在,当我清洁了刀具抽屉并告诉他之后,他会放下手中的活,跑过来说:"啊,多么整齐的刀具抽屉呀！"这样,我每过几天又会再清理一次。

　　对可爱乐观型儿童，当他们做完一件事后，重要的是表扬他们，而不是指出他们做得不好的地方。今天称赞他们做的一些小事,明天他们就会做得更多。

记住他们易受环境影响

　　可爱乐观型比其他任何性格类型都更容易受环境的影响。他们的情绪会随周围发生的事而起伏不定。当你理解他们的情绪会很快改变时,就不要对他们的喜怒无常过于反应强烈。可爱乐观型的不幸在于他们老在喊"狼来了！"一位妇女告诉我,她靠在煤气灶上,袖子着火了。她尖叫着冲向在另一间房的丈夫,"救命！救命！我着火了。"丈夫回应说:"你当然会着火了,宝贝。你可是位奇才呀！"

给他们带礼物,他们喜欢新玩具

　　噢,可爱乐观型非常喜欢得到礼物。只要给他们带礼物,即使礼物没有华丽的外表,他们也会很激动。佛瑞德就深谙我酷爱得到惊喜之道,如果他在回家的路上买了一条面包,就会请我过来,把面包作为礼物献给我。当我打开包时,真的很感谢他能在我自己都忘了的情况下注意到家里的面包不够了。有一年复活节,他给我带回一打鹅黄色的打折衣架。我很高兴,因为我们这出了一个偷衣架

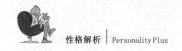

的贼，我家已找不出一个多余的衣架。现在我有了鹅黄色衣架，可以看看别人的衣橱，很容易找出被偷的衣架。

可爱乐观型永远睁着大眼睛，像孩子似的天真烂漫，他们总在盼着有新玩具为生活增添光彩。

接受他们会把别人认为尴尬的事当作趣事

可爱乐观型喜欢讲他们犯错的故事，所以你只管听，不要试图告诉他们如何去避免这些问题。一位女士告诉我：一次，午餐时间她站在街角，由于交通阻塞，所有的车都停下了，警察不准行人走上街道。这位女士带有部分权威急躁型个性，她不想浪费时间，决定一边等一边清理她的手提包。她把包里的东西倒在一张停在路边的汽车顶上。正当她为物品分类时，交通疏通了，警察示意车辆启动。被她用作桌子的车突然也冲过了十字路口，她的东西在风中散了一地。她尖叫着去追那些分好的物品，很快所有的行人都小心避开车辆，帮她拣论文、瓶子、梳子、口红和钱币。幸好所有重要的东西都找回来了，于是她迫不及待地告诉我这个会令完美忧郁型感到羞耻的故事。

认识到他们是善意的

与可爱乐观型相处，可能最重要的忠告就是要认识到他们的善意。许多完美忧郁型告诉我，认识到可爱乐观型并不是在故意为难别人，使他们消除了许多误解。可爱乐观型期望自己能备受欢迎，他们努力使人们愉快，并不想给谁惹麻烦。如果你能接受这一观点，就不会跟可爱乐观型有多少矛盾了。

请欣赏他们的风趣诙谐。

*完美忧郁型性格

了解他们很敏感,容易受伤

学习性格理论的最大好处是当你知道别人为什么会这样做的原因后,就会觉得轻松一些。可爱乐观型和权威急躁型喜欢不假思索,想到什么说什么,因此,让他们了解完美忧郁型敏感而易受伤是非常重要的。

敏感是一项优点,造就了完美忧郁型丰富、深沉、情绪化的个性,但走向极端,过于小心眼就会导致他们容易受伤害。如果你知道某人是完美忧郁型,那么一定要注意用词和说话声音,以避免使他垂头丧气。

如果乌云笼罩了头顶,就要真诚道歉,并解释你常常不假思索、快言快语。

认识他们天性悲观

在不了解完美忧郁型前,你也不可能了解他们对生活先入为主的悲观态度。这种性情也有积极意义,因为这使他们能高瞻远瞩,看到别的性格的人注意不到的问题。但走向极端的话,他们就一刻也无法快乐。

学会处理抑郁

对那些与易于陷入深层抑郁的完美忧郁型一起生活的人们,我再次建议你们读读我的《驱散乌云》一书。这本书谈的是外行对抑郁症状的看法,还有如何克服这些症状的建议。特别是"如何与情绪低落的人一起生活"这章对你们最有帮助。

以下是一些要点：

1. 注意下列抑郁的信号：

失去生活的兴趣

感到悲观和绝望

不想与人交往

吃得过多或吃得太少

失眠或不能保持清醒

谈论自杀

2. 要理解他们需要帮助。如果你的关心和建议都遭到了拒绝，那么要试试找一个患者尊敬的人，跟他谈谈感情方面的话题。

3. 不要试图使他们高兴。以前我不了解抑郁之情，当佛瑞德郁闷时，我就欢快地说："来吧，像我一样高兴起来吧。"很快我就明白自己的高兴只会使他在抑郁的泥潭中陷得更深。我们应该走进他们的内心，告诉他们我们非常理解他们的感受(不要责备他们)，然后和他们一起逐步走出泥潭。

4. 鼓励他们表达自己的感情。可爱乐观型和权威急躁型对待抑郁就像是用开关关闭某种东西似的。他们会说："别灰心！快点振作起来。"如果抑郁者没有立即响应，他们就会离去，不再理会抑郁者和他的问题。抑郁者需要时间倾吐感情，与别人一起检查原因，并分析切实可行的解决办法。

5. 绝不要说他们的问题是愚蠢的。抑郁的人总觉得自己的问题很蠢，也讨厌自己的闷闷不乐。他觉得在大家眼里，自己像杞人忧天一样荒谬可笑。由于有这些错觉，他不愿把自己的烦恼告诉任何人。但如果你恳求他的话，最后他还是会告诉你的。当他敢于向你敞开心扉后，如果你却说"我怎么从来没听说过这么笨的事啊！"那么可以想象这对他的心灵会产生多么大的伤害！

真诚亲切地称赞他们

由于完美忧郁型对别人的爱缺乏安全感，所以当别人称赞他们时，他们总是不太相信。可爱乐观型总希望听到溢美之词，以至于他们会把别人的侮辱也当成是赞美。但完美忧郁型却常常把别人的赞美当成是侮辱！他们对别人偶然的鼓励也表示疑惑，因为他们会分析一切来怀疑别人，特别是怀疑快乐的人。他们觉得在每一句赞扬之后都隐藏着一个目的，而事实上他们是真心希望得到赞扬的。这一矛盾就使得人们很难去赞扬完美忧郁型，即使他们接受了赞扬，也会觉得那是别有用心的。因此，了解了这些，就能帮助你真诚、平静和亲切地赞扬完美忧郁型。假如你得到的答复是"你说的是真心话吗"，也不要为此难过。

理解他们有时需要宁静的生活

在跟佛瑞德结婚前，我不知道宁静和快乐二者可以兼得。我认为一天中自己如果有 10 分钟是孤孤单单的，那就表明自己不受欢迎。我参加过电台播音学习，知道如果出现 5 秒钟的冷场，就可能被解雇。我觉得生活也是如此，总要有人在不停地说，冷场就等同于乏味。在蜜月中我一直说个不停，而佛瑞德却说"我最愿享受的生活是宁静的生活"，你可以想象我当时是多么惊奇啊！

享受宁静

这真是一个全新的想法。如果你是可爱乐观型，那么你很难理解完美忧郁型真心实意地希望有片刻冷场。他们喜欢凝视苍穹，呼吸新鲜空气，在月光下沉思。如果你能理解完美忧郁型的性情，那么敏感的他一定会感激你的。

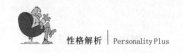

尝试合理安排时间

对所有完美忧郁型来说,生活中最重要的就是时间表。他必须知道要去哪里,何时去和为什么去。没有计划的一天是杂乱无章的。一旦你接受了这一事实,你在生活中就可以提前制订好时间表,从而改善与完美忧郁型的人际关系。不要试图让完美忧郁型和你一样毫无计划地生活。他是对的,我们应该知道自己要去哪里。

认识到整洁是必要的

让完美忧郁型陷入郁闷之中是快捷的办法就是在房子里把东西放得乱七八糟,让他找不到哪种东西放在哪里。即使你是可爱乐观型,也要学着井然有序,掉了的东西要拣起来,不要随意踩踏,用完东西后,要把它们放回原处。

完美忧郁型常常会把他们对完美的要求引向极端,比如一位男士对他的可爱乐观型新娘说:"如果你不学着睡觉时端正点,我就跟你分床睡。"

帮助他们不要成为家庭的奴隶

(妻子是完美忧郁型的男士要特别注意!)

由于完美忧郁型是完美主义者,所以他们很难认可达不到他们标准的工作。因此,完美忧郁型母亲喜欢包揽所有的家务,成为家庭的奴隶。一旦孩子们领悟到母亲对打扫卫生很投入,他们就会故意干得很差,迫使母亲说:"我再也不想让你们在这屋子里干什么活了。"于是孩子们满意地笑着,尽情去玩耍。一旦孩子们被放任,他们就不懂如何做家务,对生活缺乏责任感。所以要鼓励你妻子训练孩子们成为帮手,她还应根据孩子们的能力降低要求。

请感谢你拥有一位敏感深沉、富于感情的伴侣吧！

*权威急躁型性格

承认他们是天生的领袖

跟权威急躁型相处的第一件事就是要明白他们是天生的领袖，他们的天性会把他们推向控制地位。他们不是平和冷静型，某天做出重大决定，要去掌管世界；他们也不是完美忧郁型，制订计划，并决心大胆实施；他们更不是可爱乐观型，最后才静下心来工作；他们是生来就有指挥欲和具备领导力的人。权威急躁型孩子从小就观察到权威急躁型父亲向平和冷静型母亲吼叫。即使他不了解性格差异，他也会这样安慰哭泣的母亲："当他吼你时，你也吼他嘛！"一旦你了解他们的天性充满了积极特点，但有时也会走极端，那么当他们主持工作时，你就不会感到惊讶，或觉得自己受了伤害。

由于权威急躁型个性很强，那些与他们相处的人不得不以同样倔强的个性来与他们抗衡。他们并非强迫别人按他们的方式行事，他们只是能迅速看出处理事情的答案，并认为你也想知道"正确"答案。一旦你了解了他们的思维方式，你就可以坚持自己的观点，他们也会尊重你的做法。如果你任由权威急躁型来摆布，那么他就会继续这么做。

坚持双向交流

权威急躁型的控制天性使得其伴侣很难在家庭活动或计划中提任何建议。因此，权威急躁型的丈夫或妻子必须坚持进行一些双向交流。"坚持"是个强硬的词,但在同权威急躁型谈话时需要这个词,否则他会藐视你,不经协商就给你一个答案。

有时,我建议丈夫是权威急躁型的妇女们要先听完丈夫的话,感谢他的意见,然后再要求进行三分钟的协商。如果你的建议简明清晰,态度坚定友好,那么他往往会予以关注。

明白他们并不想伤害别人

由于权威急躁型想到什么就立即说出来,不考虑别人的感受,所以他们经常会伤害别人。如果我们认识到权威急躁型喜欢直言不讳,而不是故意要伤害别人,那么我们就能更容易接受他们的建议,也不会为他们说的话而难过了。

如果一位权威急躁型向我走来,并说:"我不喜欢你的裙子,每次你穿上它我都很不喜欢。"我不会回家把裙子烧了。她不是要伤害我;她只是把头脑里的东西不假思索地说出来而已。

别得寸进尺

如果你与权威急躁型相处和谐,就不要自找麻烦去做一些会产生负面影响的事。很小的孩子都明白不能去冒犯权威急躁型父母,或试图在他们身上得寸进尺。

一天,我跟我的可爱乐观型孙子乔纳森在讲电话,这时我听到背景里有一些嘈杂声。

我问:"发生什么事了,乔纳森?"

"我母亲正在骂布赖恩。"

"她很生气吗?"

"不是冲着我,是生布赖恩的气。"

"那你们其他人干什么呢?"

于是,10 岁的乔纳森聪明地回答:"我们都规规矩矩地在自己的位置上,我可不想冒险去惹更大的麻烦。"

试着划分责任范围

为了减少麻烦(又不委屈你的个性),你必须与权威急躁型讨论一下他希望在家庭中承担什么责任,而你又该负哪些责。我和佛瑞德在诸如厨房用品应该往哪挂这种小事上也会意见不一。我认为自己负责厨房的事务,我想把这些用品摆得美观一些;佛瑞德想的却是如何摆放更好用。当我们讨论这些小问题时,我意识到每天早上都是他在为我做早餐, 如果我不同意他把刮铲放在顺手的地方,他可能就不愿煎鸡蛋了。

现在我经常旅行,我们不得不改变一些以前定好的职责。由佛瑞德负责购物,把橱柜和冰箱装满,这样当我回家时还有食物。权威急躁型常常能想出最实用的计划,他们不怕工作,但如果职责不明的话,就会产生矛盾。

意识到他们并不富有同情心

由于权威急躁型做事很实际,讲求实用性,所以他对病人和弱者没有多少同情心,对不可爱的人缺乏爱心,也不愿花时间去医院探望病人。当别人需要感情上的慰藉时, 他们却掉过脸去置之不理。他们并不是残酷的人,他们只是对那些受伤害的人缺乏爱心。权威急躁型应该注意增进对别人的关爱之情, 但如果你对他们的期望值不太高,那么你也能与他们很好地相处。

一位权威急躁型牧师曾这样向人解释:如果你生病了,我就会到医院看望一次。"之后就要靠你自己了。"

认识到他们总是对的

还在童年时,权威急躁型就知道他们总是对的。一次,我的权威急躁型孙子布赖恩跟佛瑞德玩游戏。那时布赖恩约三岁,他没按规则玩。佛瑞德是完美忧郁型,他觉得即使是小孩子也应遵守游戏规则,于是他指出"布赖恩你错了"。

布赖恩立即反驳:"我没错,我是对的。"

令人惊奇的是,权威急躁型的人可凭直觉做出正确判断。所以如果你搞不清应该在哪条路上转弯的话,那么跟着权威急躁型就行了。

请感谢你有一位"总是正确"的领导吧!

*平和冷静型性格

认识到他们需要直接动力

对权威急躁型父母来说,要理解平和冷静型孩子是非常难的。权威急躁型做任何事都有动机,他觉得事情的每一步都要达到一个目标,智力水平和思想水平是一致的,所以他无法理解缺乏主动性却又不笨的孩子。这样的父母可能会使平和冷静型孩子精神压抑,成为失败者。

一位著名的外科医生给我讲述他那"孤僻内向、没有个性的懒儿子"的事。随着我们对这个问题的探讨,我看出这个人的专横和自以为是足以使任何一个孩子变得内向和懒惰。他是这样说的:"我努力去激励这孩子。每当我看到他坐着时,我会说:'起来,懒鬼,干活去。'"

你可以想象这种命令是如何"鼓舞"他儿子的!

平和冷静型是最令人愉快和最随和的人，但他们需要积极的鼓励。他们需要父母或伴侣的鼓励，并帮助他们设定目标。当我们了解了平和冷静型的个性后，我们就会领悟他们需要直接的推动力。与平和冷静型孩子、伴侣或同事相处时，我们应该提升、鼓励和引导他们，而不能轻视、评论和打击他们。

帮他们设定目标并给予奖励

当我在文法学校学习时，只要我们表现好，老师就给我们一些金色的星星。我很爱看那些星星高高地挂着，于是努力学习，赢得了一排金星星。

长大后，我仍喜欢这类奖品。平和冷静型也需要别人积极帮助制定目标，并给予奖励，使他们觉得努力会有回报。如果给平和冷静型孩子做一个任务检查表，他就会很卖力地工作。如果家人关注平和冷静型妻子所做的一切，她就会成为一位很好的主妇。如果答应给平和冷静型丈夫吃苹果派甜点，他就会清扫车库。

平和冷静型也会设定目标，但他们的天性阻挠了他们想得远一些。当你学会如何与平和冷静型相处后，你要先花时间帮他们定下目标，再向他们解释达到目标后会取得的成果，然后就能看到他们去认真完成更多的工作。

隧道尽头的一线光明可以使漫长而黑暗的爬行变得充满希望。

不要期待热情

可爱乐观型和权威急躁型总希望他们说的话能引起别人的热烈反响，如果平和冷静型没有表现出兴致勃勃的样子，他们就会觉得受了伤害，感到难过。一旦我们了解平和冷静型天生不爱激动，我们就更能接受他们不会为任何新观点而欢呼雀跃的性情。

学习性格理论,最大的益处就是降低了我们对别人的期望值。例如,一天清晨,平和冷静型的乔说:"唉,我觉得这又是倒霉的一天。"权威急躁型的卡罗林马上回答说:"我觉得你要有信心,我敢保证你不会失望的。"

认识到拖延是他们暗中控制的表现形式

由于平和冷静型常常感到受了权威急躁型伴侣的压制,所以他们用拖延作为防御工具。

保罗向我坦白说他是一位拖拖拉拉的人。"我总是要等到最后一分钟才赶紧去做。"他的妻子,权威急躁型的琼立即反驳说:"你是要等到最后一分钟,但你这辈子从没赶紧做过什么事!"当着我的面,他们为地下室里堆满的等着砌墙的木料、从未从包装盒里拿出过的台球桌布和车库里因不见阳光而枯死的小树等激烈地争吵起来。琼几乎要大发雷霆了,保罗却在冷嘲热讽:"别唠叨啦,否则你别指望我会做什么。"

促使他们做决定

平和冷静型有能力做决定,但他们常常走最省力的途径,让别人来选择做什么和到哪里去做。他们尽量回避任何会引起矛盾的事,也不会去惹是生非。在社会关系中,走中庸之道不会触犯别人——事实上这往往还受人欢迎。但在现实生活中,平和冷静型也应做一些决定,这是很重要的。

在对待小孩子时,绝不要接受"我不在乎"这种一成不变的说法。要敦促他们从事情的两方面来看问题,再做决定。要向他们解释:在日后生活中,清楚地判断并做出决定是非常重要的。

在夫妻关系上，也要敦促平和冷静型参与家中的讨论并帮助解决问题。如果你是个固执己见的人，那么你必须大胆放手让平和冷静型也管一些事。平和冷静型不愿做决定的原因通常是因为他知道别人会按他的想法去做的。为了培养对方果断决策的能力，你应该让对方自由发挥，并承担责任。当然，对权威急躁型来说，这很难做到，因为他能很快就看出哪里错了，会忍不住插手改正错误。如果他几次"挽救残局"的话，那么平和冷静型就会放弃，再也不愿管家中的任何事。

不要把所有的过错都加在他们身上

平和冷静型沉默寡言、安于现状，因此，他们很容易成为那些厚颜无耻、想把自己的罪过推到别人身上的人的靶子。我常常看到这种情形：权威急躁型草率做出决定，导致很糟糕的后果，于是他就把所有的过错都推到在场的平和冷静型身上。所以，请检查一下你自己有没有对别人犯过这种错。

一位平和冷静型女士告诉我：她丈夫让她来选家里养哪种狗，可是，之后每次狗犯错误时，丈夫都要责备她。

即使平和冷静型可能会逆来顺受，但这类无端的责备也会伤害他们的自尊心，使他们离你而去。他们以后还会因此不愿再负任何责任。

如果你今天把平和冷静型当作一个废纸篓，那么明天你身边就会多一个失魂落魄的人。

鼓励他们承担责任

可爱乐观型总想承担更多的义务，但会力不从心，所以他们不应接受过多的职位；权威急躁型要防止包揽一切；平和冷静型有管理能力，与人相处融洽，但他们却不想负什么责任。由于他们天生有调和矛盾的领导能力，所以应鼓励他们承担责任。虽然他们是优秀的行政人员，但会因为感觉别人怀疑他们的能力而拒绝晋升，而且也不想被弄得"独自一人受过"。

当他们第一次说"不"时，就不要让他们推卸责任，要表明你对他们的领导能力很有信心。如果要找人当主席、总裁或国王，最好的人选难道不是找一个易于相处、不会草率决策、能有效调解性格矛盾的人吗？

请欣赏他们沉静的性情吧！

你想与人友好相处吗？善良之心会引领你走向成功。

第五部分

性格力量

达到我们潜能的力量之源

第十七章

性格附加之力，
塑造自信之人！

在本书的开始，我们曾有过这样的疑问：为什么许多自我完善课程似乎没起什么作用？为什么转变不能保持下去？这些问题的首要答案是：大部分这类课程并没有考虑不同性格之间的差异。这些课程似乎都是权威急躁型为权威急躁型的性格而教授的。现在我们理解了性格理论，我们也知道了权威急躁型多么喜欢领导别人，他们能多么迅速地锁定目标和计划，勇往直前，并向人们展示他们可以达到目标。只要看到对自己有利，他们就能立即开始行动。

权威急躁型/完美忧郁型组合有能力瞄准目

标,制订出特别的行动计划。但天赋各异的其他性格的人又会怎么做呢？

可爱乐观型会热衷于使自己的生活更有条理。他能看到宏伟的未来,并真心希望提高,但他似乎总找不到开始的时间,当他去做时,他又忘带了材料。

带有平和冷静型倾向的完美忧郁型会作笔记并分析身边的一切。他可能会研究概念并评估价值,也可能会对项目的一些实际步骤全力以赴,但当面对大的变革时,他可能会很沮丧。

平和冷静型如果能看出一些简单的步骤也很有效, 就会走向积极的方向。但他会觉得研修班上所谈的那些机会"简单得太像是工作了"。

摆脱内疚

因为教授性格理论多年, 我看到许多人因为领悟到为什么他们的反应不是所谓的"正常方式",而摆脱了内疚。的确,可爱乐观型需要更有条理, 但如果他没能把所有的生活档案归入马尼拉文件夹中,那他也无需感到内疚;完美忧郁型需要放松自己、更有风度一些,但如果他无法在一夜之间变成"人见人爱"的鲍勃·霍普,那他也无需感到内疚;平和冷静型应该提高对自己的要求,更有激情一些,但如果他无法变得朝气蓬勃,那他也无需感到内疚;权威急躁型可以只接受有利可图的事, 抛弃其余的事, 而无需感到内疚。但权威急躁型应认识到性格之间的差异,不要藐视那些未能将他的指令付诸行动、服从他领导的人。

附　录

性格测试词语解释

摘自拉娜·贝特曼(Bateman)的《性格模式》,由美国路易斯安那州拉斐特市的亨廷顿书屋有限公司出版。

优　点

1

爱　冒　险:愿意承担新任务,勇于进取,并下决心掌握新知识。

适应力强:在任何环境下都感到舒适愉快。

有　生　气:充满活力,能用手和胳膊做生动手势,脸部表情丰富。

善于分析:喜欢研究各部分之间的逻辑关

系。

2

坚　　持:把一个项目彻底完成之后才开始另一个项目。

爱开玩笑:风趣幽默。

善于说服:用逻辑和事实,而不是用诱惑和权力来使人信服。

平　　和:不受干扰,安宁,不参与任何争斗。

3

柔　　顺:易于接受别人的观点或意见,不固执己见。

自我牺牲:为了别人的利益愿意放弃自己个人的利益。

善于社交:认为与别人相处是趣事,而不是挑战或商业机会。

意志坚定:决心走自己的路。

4

体　　贴:关注别人的需求和感受。

善于控制:感情细腻,但极少流露。

有竞争力:把每件事和游戏都当成竞赛,并总是赢得胜利。

有说服力:纯粹通过魅力和个性来赢得别人的信服。

5

使人振作:激励别人振作精神,或使人身心愉快。

尊重别人:对别人表示尊重和敬意。

沉默寡言:自我克制感情或激情。

机　　智:在任何情况下都能快速有效地行动。

6

满　　足：易于适应任何情况或环境。

敏　　感：总在为别人担心，并忧虑将要发生的事。

自　　立：依靠自己的能力、判断力和智慧，独立自主。

生气勃勃：充满生气和激情。

7

计　划　者：为完成项目或目标，预先做好详细安排，只愿参与计划阶段和成品阶段，而不愿执行任务。

耐　　心：对拖延无动于衷，仍然保持镇静和宽容。

积　　极：相信如果由自己负责，一切将会走上正轨。

推　动　者：运用自己的个性魅力来敦促别人赞同、参与或投资。

8

肯　　定：自信，很少犹豫或动摇。

自　　然：不受计划约束，易冲动，不预先考虑事情。

有时间性：按每日计划生活，不喜欢被人打乱计划。

害　　羞：安静，不愿主动说话。

9

井井有条：有规律、有系统地安排一切。

乐于助人：热心助人，能很快按别人的方式去做。

坦　　率：说话坦率，毫无保留。

乐　　观：性情开朗，令自己和别人相信一切都会好转。

10

友　　好：是响应者而不是发起者，不主动交谈。

忠　　诚：一贯可靠、坚定、忠诚，有时甚至毫无理由地奉献。

有　　趣：富有幽默感，使每个故事都妙趣横生。

强 迫 性：爱命令别人，并使别人不敢反对。

11

勇　　敢：愿意冒险、无所畏惧。

可　　爱：乐观，能与人快乐相处。

老　　练：巧妙地与人打交道，敏感而耐心。

注重细节：做事有条不紊，对所有发生的事都记得清清楚楚。

12

开　　朗：精神一贯很好，并令别人快乐。

始终如一：情绪平稳，别人能预料其反应。

有 修 养：追求知识，爱好艺术，对戏剧、交响乐、芭蕾舞等感兴趣。

自　　信：坚信自己有成功的能力。

13

理想主义：把事情想象得很完美，并想用自己的标准来衡量事物。

独　　立：自给自足、自信自立，似乎不需要别人帮助。

不伤害他人：从不说或做会引起别人不愉快或反对的事。

鼓舞人心：鼓励别人去做、去参与，使整个事情变得很有趣。

14

感情外露:公开表达感情,特别是爱情,与人谈话时会自然而然地去碰触别人。

果　断:具有快速明确做出判断的能力。

冷 幽 默:展示"冷面幽默的智慧",表面看是俏皮话,实际上带有讽刺意味。

深　沉:感受深刻,常常自我反省,讨厌肤浅的谈话和庸俗的追求。

15

调 解 者:发现自己常常起到避免冲突、使大家和谐相处的作用。

音 乐 性:爱好并参与音乐活动,对音乐有较强的鉴赏力,认为音乐不只是为表演增添乐趣,更是一种艺术形式。

发 起 者:追求高效,是有人追随的领导者,不愿静静地闲着。

善于交际:喜欢参加宴会,不愿在屋里等着跟人见面,眼里没有陌生人。

16

考虑周到:善解人意,能记住特殊事件,友善待人。

坚　韧:坚持不懈、顽强,不达目的决不罢休。

健 谈 者:不断地说话,跟周围人讲滑稽的故事和趣事,觉得要让别人感到愉快,不应该出现冷场。

宽　容:容易接受别人的思想和方法,不想反对或得罪别人。

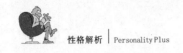

17

倾 听 者：似乎总愿意听别人说话。

忠　　心：对人、对理想、对工作忠心耿耿，有时甚至无需任何理由。

领 导 者：天生的指挥者，被推动着要负起责任，总觉得很难相信别人也能把工作做好。

活　　跃：生机勃勃、精力充沛。

18

知　　足：对自己所拥有的容易感到满足，很少嫉妒他人。

首　　领：领导、命令别人，并希望别人能够服从自己。

图表创作员：会提前规划生活和工作，通过制作表格和图示来解决问题。

聪明伶俐：惹人喜爱、可爱，是人们关注的中心。

19

完美主义者：对自己、对别人设立高标准，希望一切随时都井井有条。

随　　和：不过于认真，易相处，易与人交谈。

勤　　劳：不停地工作或奋斗，不愿休息。

受 欢 迎：喜欢有晚会的生活，很希望成为晚会嘉宾。

20

有 弹 性：欢快、可爱的个性，充满活力。

敢作敢为：无所畏惧、勇敢向前、不怕风险。

举止端正：时时注意让自己的举止合乎规范。

善于平衡:稳重、走中庸之道,不愿分出高低。

缺 点

21

空　　虚:没有多少面部表情或感情。

羞　　怯:逃避关注,怕难为情。

厚 脸 皮:炫耀、浮华、出风头、声音大。

专　　横:喜欢发号施令、跋扈、有时对人傲慢。

22

任　　性:在生活中不注重秩序。

冷漠无情:不愿关心别人的困难和问题。

缺乏热情:不爱激动,总觉得事情完不成。

不 宽 恕:不愿原谅或忘记别人对自己的伤害或不公,容易忌恨。

23

有所保留:不愿努力参与某事,特别是一些复杂的事。

愤　　恨：对实际的或自己想象的别人的冒犯，总是心存恶意。

反　　抗:奋斗、抗争,不愿接受别人的意见。

唠　　叨:重复同一个故事、同一件事,没有意识到自己以前曾多次讲述过这个故事,总是在不停地讲话。

24

大惊小怪:坚持注意小事或细节,过于关注鸡毛蒜皮的事。

害　　怕:经常感到强烈的担心、不安和忧虑。

健　　忘:由于缺乏条理,不愿去记没有趣味的事,导致记性不好。

直　　率:坦率、直言不讳,不怕告诉别人自己的真实想法。

25

缺乏耐心:很难压制愤怒或等候别人。

无安全感:感到担心或缺乏信心。

优柔寡断:很难做任何决定(为了完美无缺,对每一个决定都要再三考虑)。

好 插 嘴:是一位健谈者而不是倾听者,甚至别人还在发言时,就开始讲了。

26

不受欢迎:由于强烈要求完美,使得别人不得不敬而远之。

不 投 入:不愿倾听,对俱乐部和团队活动、或其他人的生活不感兴趣。

难 预 测:时而欣喜若狂,时而垂头丧气;答应帮忙却不兑现,承诺要来却忘记来。

不善表达:当众很难用语言或行动表达感情。

27

刚愎自用:坚持自行其是。

杂　　乱:做事没有连贯性。

难以取悦:把标准定得太高,使自己很难对别人满意。

犹　　豫:行动缓慢,很难参与。

28

平　　淡:走中庸之道,没有高潮也没有低谷,很少表露感情。

悲　　观：尽管也有美好期待，但往往只看到事情不好的一面。

自　　负:自高自大,认为自己总是对的,是最好人选。

纵　　容:为了讨好别人,允许别人(包括孩子)按自己的喜好做事。

29

易　　怒:孩子气,情绪变化有如昙花一现,愤怒过后立即会忘掉。

无 目 标:不设定目标。

好 争 辩:常常挑起争论,不管情形如何,总觉得自己是对的。

孤芳自赏:由于有不安全感,害怕别人不愿与自己相处,因此容易疏远别人。

30

幼　　稚:单纯、孩子气、不世故,不理解生活的真谛。

态度消极:很少有积极态度,常常只看到事物的消极阴暗面。

大　　胆:充满信心和坚忍不拔的勇气,但往往运用不得当。

漠不关心:懒散、不关心、冷淡。

31

担　　忧:时时感到不确定、不安或担心。

孤　　僻：自己禁锢自己，感到需要大量时间独处。

工 作 狂：积极进取，设定目标，不断创造，对休息感到内疚；其工作目的是为了得到好成绩和奖励，而不是为了追求完美。

追求荣誉：只有得到了荣誉和别人的赞赏才会有动力，如同艺员，需要掌声、欢笑和观众的认可。

32

太 敏 感：酷爱自我反省，被人误解时会感到很不愉快。

不 机 智：自我表达时方式欠妥，经常冒犯别人。

胆　　小：在困难面前退缩。

多　　嘴：说话引人入胜但难以控制，不愿倾听别人讲话。

33

疑　　心：不能确定，对事情的结果缺乏信心。

无 计 划：缺乏使生活有条有理的能力。

盛气凌人：强迫自己要控制局势或其他人，总跟别人说要怎么做。

沮　　丧：总感到情绪低落。

34

自相矛盾：古怪、充满矛盾，行动和情绪都不合逻辑，难以捉摸。

内　　向：思想和感情都指向自我，活在自己的世界里。

心胸狭窄：不能忍受或接受别人的态度、观点和行为方式。

冷　　漠：对多数事情都漠不关心。

35

凌　　乱:处于混乱状态,常常找不到东西。

闷闷不乐:情绪不高,当感到不被人赏识时,情绪容易低落。

说话含糊:说话声音小,不愿费力把话讲清楚。

喜 操 纵:为了自己的利益,精明狡猾地影响并管理别人。

36

缓　　慢:不能快速行动或思考,总有许多麻烦事。

顽　　固:决心按自己的意愿做事,不易被说服,倔强。

炫　　耀:希望被关注,想成为众人关注的中心。

多　　疑:不相信别人,对语言背后的真正动机心存疑虑。

37

不 合 群:需要大量时间独处,不愿与人相处。

统 治 欲:总想让人知道自己是对的,并处于控制地位。

懒　　惰:评估一项工作或活动的标准是看它要耗费多少精力。

声 音 大:在房间里,笑声和说话声总是盖过别人。

38

拖　　延:行动缓慢,需要别人的催促和激励。

猜　　疑:怀疑或不相信别人的观点。

急 性 子:急躁易怒,脾气火暴。当别人动作不够快,或未完成该做的事时,就会发怒。

浮　　躁:无法专心或集中注意力,易激动。

39

报　　复：对冒犯者怀恨在心，常常通过狡猾地削弱友谊或爱情来惩罚他们。

好　　动：觉得随时做相同的事很乏味，喜欢不断地面对新活动。

勉　　强：不愿参与，或努力不想卷入。

急　　躁：草率行事，不会深入细致地思考，没有耐心。

40

妥　　协：为了避免争论，即使是对的，也宁愿放弃自己的立场。

苛　　求：不断评估并做出判断、思考或提出反面意见。

狡　　猾：精明，总有办法达到目的。

多　　变：像孩子似的注意力不集中，需要不断地变化，否则就会觉得枯燥。